Tina Werner

Blutegeltherapie am Tier

Tina Werner

Blutegeltherapie am Tier

Biologie – Anwendung – Wirkung

Oertel+Spörer

Bildnachweis

Titelbild: Dr. Gabriele Lehari
Innenteilbilder: Edith Werner: S. 26, 58, 59
Alle anderen Fotos: Dr. Gabriele Lehari
Zeichnungen: Sabine Drobik

Haftungsausschluss

Bibliografische Information der Deutschen Nationalbibliothek

Die Deutsche Nationalbibliothek verzeichnet diese Publikation in der Deutschen Nationalbibliografie; detaillierte bibliografische Daten sind im Internet über http://dnb.d-nb.de abrufbar.

Postfach 16 42, 72706 Reutlingen

Schrift: 9/11 pt Stone Serif
Lektorat: Dr. Gabriele Lehari
DTP und Repro: raff digital gmbh, Riederich
Druck und Bindung: Oertel+Spörer Druck und Medien-GmbH+Co., Riederich
Printed in Germany
ISBN 978-3-88627-907-4

Inhalt

Vorwort

Während meiner Berufsjahre als medizinische Fachangestellte in Arztpraxen und einem Klinikum war die Verwendung von Tieren zu Therapiezwecken in der Humanmedizin nicht ganz neu für mich. Maden werden angesetzt, um abgestorbenes Gewebe zu fressen und so die Wundheilung zu fördern, und der Kangalfisch (auch Rote Saugbarbe genannt) knabbert abgestorbene Hautschuppen von Neurodermitis-Erkrankten ab und lindert so deren Symptome.

Durch den Kontakt zu gefäßerkrankten Patienten und deren Medikation war die blutgerinnungshemmende Wirkung der Blutegel für mich somit durchaus vorstellbar und nachzuvollziehen. Aber – das muss ich zugeben – bei der ersten direkten Begegnung mit einem Blutegel war mir doch etwas mulmig zumute. Ich hatte mich zu einer Fortbildung zum Blutegeltherapeuten angemeldet und wollte unbedingt die Möglichkeit nutzen, meinen Patienten mittels dieser Therapiemethode, von der ich schon so viel Positives gehört hatte, zu helfen.

Meine Begeisterung hielt an, bis der erste Egel aus seinem Glas herausgenommen und einem Patienten angesetzt wurde. Dieser „Wurm" war auf den ersten Blick schwarz, nass, hatte keine Augen und bewegte sich vorwärts wie eine Raupe. Nicht gerade ein possierliches Tierchen!

Schließlich war die Neugier dann doch größer als die Verunsicherung und ich fand es restlos faszinierend, den Blutegel beim Saugakt zu beobachten. Interessant war, dass sich der behandelte Hund durch den Blutegel überhaupt nicht gestört fühlte – im Gegenteil, er schien ihn gar nicht zu bemerken! Diese erste Erfahrung und das erlernte Hintergrundwissen über die mehr als zweitausend Jahre alte Geschichte des Blutegels in der Medizin überzeugten mich von diesem Geschöpf und ich verlor meine Berührungsängste.

Nach vielen erfolgreich behandelten Patienten, die dank des Blutegels eine Erleichterung oder Heilung ihrer Erkrankung erfuhren, ist es mir ein großes Bedürfnis, daran mitzuwirken, die Blutegeltherapie von Vorurteilen zu befreien und sie einem größeren Publikum zugänglich zu machen. Da es nur sehr wenig Fachliteratur zu diesem Thema gibt, speziell für die Blutegeltherapie bei Tieren, entschloss ich mich, dieses Buch zu schreiben.

Ziel ist es, interessierten Therapeuten und Tierbesitzern den Blutegel und seine sanfte, aber sehr erfolgreiche Heilmethode nahezubringen und dieses Tier als das darzustellen, was es ist: ein über 450 Millionen Jahre bewährter Therapeut der Natur, der in perfekter Abstimmung den richtigen Wirkstoffcocktail an Krankheitsherde setzt – sozusagen eine mikrochirurgische Apotheke, die vom Menschen viele Jahre als mittelalterlich abgestempelt wurde, aber nun endlich wieder entdeckt wird.

Ich wünsche Ihnen viel Freude dabei, den medizinischen Blutegel, seine Biologie, seine Wirkung und die Möglichkeiten der Blutegeltherapie kennenzulernen und bin mir bereits jetzt sicher: Sie werden es keinesfalls bereuen!

Geschichtlicher Hintergrund der Blutegeltherapie

Dieses altertümliche Tier existiert auf unserer Erde bereits seit 450 Millionen Jahren und hat sich seitdem im Laufe der Evolution immer wieder erfolgreich an seine Umweltbedingungen angepasst und sich so das Überleben gesichert.

Man nimmt an, dass die medizinischen Blutegel ihre Strategie der „nachhaltigen Nutzung" ihrer Wirte, nämlich deren Heilung, schon sehr früh anwendeten. Dies war ungefähr zu der Zeit, als die Säugetiere mehr und mehr das Land dem Wasser als Lebensraum vorzogen und somit für die Blutegel nicht mehr stetig greifbar waren. Durch den Effekt der Heilung und Wohltat für ihre Futterspender konnten die Blutegel erreichen, dass die Wirtstiere immer wieder das Wasser aufsuchten, statt vor den Blutsaugern zu flüchten.

Von Griechen, Türken und Indern wird heute noch berichtet, dass kranke Tiere in deren Heimat bevorzugt blutegelreiche Gewässer aufsuchen würden. Man kann annehmen, dass sie instinktiv nach Heilung suchen.

Blutegel für die medizinische Verwendung werden zwar nicht mehr der Natur entnommen, sie haben aber ihre Lebensweise beibehalten.

Einsatz der Blutegel von der Antike bis zum 20. Jahrhundert

Seit weit über zweitausend Jahren setzt der Mensch die Blutegel als Heilmittel ein, denn er hat das breite Wirkspektrum und den großen Nutzen daraus früh erkannt. Bereits die Römer und Griechen behandelten mittels der Blutegel Gicht, Arthrose und Fieber und auch in der indischen und chinesischen Medizin konnten erfolgreiche Blutegelbehandlungen dokumentiert werden.

Die umfangreichste Beschreibung der Therapie mittels Blutegel in der indischen Medizin findet sich bei Sushruta (etwa 600 bis 100 v. Chr.). In der chinesischen Medizin war die Hirudotherapie – benannt nach dem wissenschaftlichen Namen des Blutegels *Hirudo medicinalis* – immer ein Teil der medizinischen Versorgung, jedoch spielte sie nicht so eine große Rolle wie in der indischen Medizin.

Hauptsächliche Anwendungsgebiete in China und Indien waren unter anderem chronische Kopfschmerzen, fieberhafte Erkrankungen, Arthritis und Gicht. In Europa wurden die Blutsauger neben anderen Einsatzgebieten auch zum natürlichen Aderlass angewandt. In einer überlieferten Schrift, die dem Umfeld des römischen Arztes Galen (129 bis 199 n. Chr.) zugeordnet wird, ist die Vorstellung von Säftebewegungen im Körper Ausgangspunkt für die therapeutische Vorgehensweise. In diesem Zusammenhang benutzten Ärzte in der Antike Blutegel zur symptomatischen Lokalbehandlung bei entzündlichen und fieberhaften Erkrankungen. Im römischen Militär wurden die Egel oft auch zur Wundbehandlung eingesetzt.

In der arabischen Medizin des Mittelalters war die Verwendung bei zahlreichen Hauterkrankungen typisch, neben Aderlass und Schröpfen war die Blutegeltherapie allerdings nur von begrenzter Bedeutung.

Die „Säftelehre"

Seit den Anfängen der sich als Wissenschaft verstehenden Medizin von der Antike bis zum 19. Jahrhundert war diese Therapieform ein unverzichtbarer Bestandteil zur Behandlung von Patienten. Jedoch galt die Blutegeltherapie auch immer als Volksmedizin.

Die Krankheitslehre der Humoralpathologie, der sogenannten „Säftelehre", war Grundlage für die Interpretation der Blutegeltherapie und die Begründung zum Einsatz dieser archaischen Tiere. Damals waren die Menschen überzeugt, dass Krankheitsursachen hauptsächlich in den flüssigen Substanzen, den Körpersäften, und deren Ungleichgewicht zu suchen ist. Innerhalb dieser Krankheitslehre, welche die ältere arabische und europäische Medizin bis in das 17. Jahrhundert hinein dominierte, hatte der Einsatz der Blutegel ein festes, aber recht überschaubares Indikationsgebiet.

Gleichbedeutend zum Aderlass konnte ein Blutüberschuss ausgeleitet werden, zusätzlich waren lokale Entzündungen, Infektionen und Herz-Kreislauf-Erkrankungen die Haupteinsatzgebiete der Ringelwürmer.

Die Hirudotherapie

Im 18. und 19. Jahrhundert kam es dann mit dem Untergang des humoralpathologischen Krankheitsverständnisses der Menschen zu einer Phase des Missbrauchs der Blutegeltherapie. Die Indikationsstellung zur Hirudotherapie wurde irrational ausgeweitet und führte zu einem erheblichen Anstieg der Anwendung. Basis hierfür war vor allem die Lehre des französischen Arztes Broussais (1772 bis 1832).

Zu Beginn des 19. Jahrhunderts gewann die Blutegeltherapie dann schließlich eine überragende medizinische Bedeutung. In Frankreich begann damit der Boom dieser Therapieform, der sich bald über das gesamte Europa ausbreitete. Aufgrund des hohen Verbrauches war man in England bereits im Jahr 1810 auf importierte Blutegel angewiesen. In fast jedem Behandlungsfall wurden die Egel dem konventionellen Aderlass vorgezogen. Zeitgenössische Kritiker bezeichneten diesen beinahe wahnhaften Einsatz der Blutegel während der Ära des Arztes Broussais als „Vampirismus". Er vertrat den neuen Entwurf einer „physiologischen Medizin". Fast alle Erkrankungen führte er auf Entzündungen im Körper zurück. Dabei maß er den Veränderungen im Kapillarsystem des Körpergewebes besondere Bedeutung zu. Da aber das Hauptgeschehen von Entzündungen in den Kapillargefäßen stattfindet und Blutegel hauptsächlich daraus ihre Nahrung beziehen, wurden sie therapeutisch universell angewandt.

Weil für einen Patienten pro Behandlung oftmals mehr als hundert Blutegel verwendet wurden, verbrauchte man in England, Frankreich und Deutschland bis zu mehrere Millionen Blutegel jährlich. Zudem führte diese maßlose Verwendung immer öfter zu ernsten und teilweise sogar tödlichen Zwischenfällen. Die Menschen konnten damals die blutverdünnende Wirkung des Blutegels nicht einschätzen, doch genau durch diese wurden die Patienten kurzfristig zu „Blutern" gemacht. Folgte dann kurz nach dem Ansetzen eines Blutegels noch ein konventioneller Aderlass, verblutete der Patient tragisch. Zudem trat damals eine Art „Blutegelsucht" auf, hervorgerufen durch die stimmungsaufhellende Wirkung des als Saliva bezeichneten Speichels des Blutegels bei häufiger Anwendung. Solche Nebenwirkungen und Misserfolge in der Therapie bewiesen den Schwierigkeitsgrad der Behandlung und ließen die wenigen Zufallsheilungen als glänzenden Beweis für den Erfolg der Methode oder des Therapeuten erscheinen.

Neben dem übertriebenen Gebrauch wurden die Lebensräume dieser Tiere durch die zunehmende Industrialisierung und Landwirtschaft immer weiter eingeschränkt und der Bestand der Blutegel war, wie in England, auch in Frankreich bald erschöpft. Bis ins Jahr 1828 wurden Blutegel zum wichtigsten Artikel in der angewandten Medizin und mussten zunehmend aus anderen Ländern importiert werden, was den Preis um ein Vielfaches in die Höhe trieb.

Zuchtanlagen wurden an Krankenhäuser angeschlossen, um das kostbare Gut zu vermehren, und allseits drängte man auf die Wiederverwendung bereits gebrauchter Egel. Die Führungsebene des Militärs sorgte sich sehr um einen Mangel an Tieren zur militärischen Wundversorgung, daher wurde die Zucht der Blutegel staatlich gefördert.

1904 benannte dann der Physiologe John Berry Haycraft den gerinnungshemmenden Stoff im Blutegelspeichel Hirudin. Die besondere Wirkung der Blutegeltherapie konnte somit als chemischer Prozess gedeutet werden, was sie wieder dem medizinischen und wissenschaftlichen Verständnis näher brachte. Beachtet wurde aber nur die neu entdeckte Substanz im Speichel und nicht die gesamte Wirkungsweise des Tieres und die Erkenntnis darüber verbreitete sich nur sehr langsam. Als der Erste Weltkrieg schließlich den Zusammenbruch des Blutegelhandels in Europa verursachte, geriet diese Therapieform in Vergessenheit.

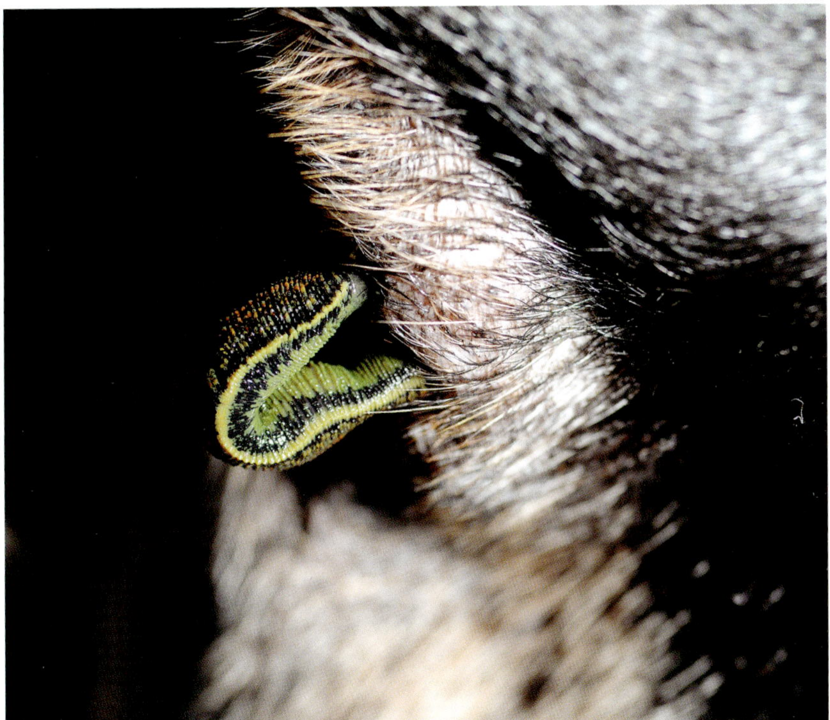

Die Heilkraft des Blutegelspeichels ist schon lange bekannt und wird wieder neu entdeckt.

Comeback des Blutegels

Einen Aufschwung erhielt sie erst wieder in den 1920er-Jahren. Wegbereiter war hierfür der naturheilkundliche Arzt Bernhard Aschner (1883 bis 1960). Er besann sich im Rahmen seiner Konstitutionstherapie auf altbekannte ausleitende Verfahren und veröffentlichte sie unter neuen Gesichtspunkten. Diese waren jedoch ebenfalls stark vom humoralpathologischen Krankheitsverständnis geprägt. Durch die lange Liste der Indikationen zur Blutegeltherapie bekam diese den Ruf eines Universalheilmittels und wurde nicht von allen ganz ernst genommen.

1922 propagierte der französische Chirurg Termier auf dem 31. französischen Chirurgenkongress, die Blutegel während und nach Operationen zur Prophylaxe von Embolien und Thrombosen einzusetzen. Dies nannte er die „Hirudinisation des Blutes" und viele große europäische Kliniken verwendeten die Blutegel bei dieser Indikation. Der Frankfurter Arzt Heinz Bottenberg verbreitete 1935 die Therapie mit Blutegeln durch sein bis heute noch gültiges Standardwerk „Die Blutegeltherapie" schließlich weltweit. In seinem Buch beschreibt er die lokale und allgemeine Wirkung der Blutegel.

Nach dem Zweiten Weltkrieg ging das Interesse an der Blutegeltherapie in Mitteleuropa erneut wieder zurück. Moderne Pharmaka wie Heparin und Marcumar zur Thrombose- und Embolieprophylaxe verdrängten den „mittelalterlichen" Blutegel aus dem Fokus der Medizin. Jedoch erschienen immer wieder Erfolgsberichte aufgrund einer Blutegeltherapie und 1955 veröffentlichte dann Karl-Otto Kuppe das Buch „Der Blutegel in der ärztlichen Praxis".

Im selben Jahr gelang es dem Pharmakologen Fritz Markwardt erstmals, hundertprozentig reines Hirudin aus der Saliva zu isolieren. Durch jahrelange Forschungsarbeit erfuhr er mehr über die Wirkungsweise des Hirudins und seiner pharmakologischen Bedeutung. Ein Boom wie im vergangenen Jahrhundert wurde aber mit dieser Therapiemethode trotzdem nicht mehr ausgelöst.

Ein kleines Comeback feierte die Blutegeltherapie aber dann doch. 1987 kam Hirudo medicinalis in der rekonstruktiven Chirurgie in der Humanmedizin zum Einsatz. Der Chirurg Prof. Joe Upton konnte dank der Blutegel das vollständig abgerissene Ohr eines kleinen Jungen retten. Nach der zunächst erfolgreichen Replantation wuchs das Ohr infolge der Bildung von Thrombosen nicht wieder an. Durch den Einsatz der Hirudotherapie konnten sich Blutgefäße und Kapillaren der gegenüberliegenden Hautlappen wieder zu einem funktionsfähigen Kreislauf zusammenschließen.

In den letzten Jahren ist die Blutegeltherapie wieder „salonfähig" geworden. Viele Ärzte und Naturheilkundler haben diese bewährte und wirkungsvolle Methode in ihr Behandlungsprogramm mit aufgenommen. Da im natürlichen Lebensraum der Blutegel deren Wirtstiere immer wieder gezielt die Gewässer aufsuchen, um sich Heilung oder Schmerzlinderung zu suchen, lag es natürlich auch nahe, dass die Blutegeltherapie nicht nur bei Menschen, sondern auch bei Tieren eingesetzt werden kann. Somit hat sie sich mittlerweile auch in der Veterinärmedizin und Tierheilkunde etabliert.

Die Biologie des Blutegels

Der Blutegel ist eine faszinierende Tierart, bei der man erst durch genaueres Betrachten auf die farbige Zeichnung, den segmentierten Körperbau und die interessante Verhaltensweise aufmerksam wird. Sowohl für Mediziner als auch Biologen war er immer ein interessantes Forschungsobjekt und dennoch konnte selbst bis heute noch nicht alles wissenschaftlich geklärt werden, was die hervorragende Wirkungsweise des Blutegels betrifft.

Bevor die Blutegeltherapie und deren Wirkung genauer beschrieben werden, widmet sich das folgende Kapitel aber erst einmal etwas genauer der Biologie des Blutegels. Denn nur wenn man etwas über die Anatomie und Physiologie dieser häufig unterschätzten Tiere weiß, kann man nachvollziehen, auf was ihre Anwendung und die medizinische Wirkung beruht.

Anhand der Bauchfärbung lassen sich die beiden Arten Hirudo officinalis und Hirudo medicinalis am besten unterscheiden. Der hier abgebildete Hirudo officinalis ist mittlerweile die am häufigsten verwendete Art.

Systematik

Der medizinische Blutegel mit dem wissenschaftlichen Namen *Hirudo medicinalis* ist die Art, die seit Jahrhunderten in der Medizin eingesetzt wird. Er stammt ursprünglich aus Europa, Nordafrika und Kleinasien. Erst in jüngerer Zeit wird noch eine zweite Art für die Blutegeltherapie verwendet, und zwar der Ungarische Blutegel *Hirudo officinalis*, auch unter dem Namen *Hirudo verbana* bekannt.

Beide Arten unterscheiden sich etwas in ihrer Färbung und Zeichnung. Früher hielt man sie deshalb für zwei Farbvarianten einer Art und gab ihnen die beiden Namen *Hirudo medicinalis medicinalis* und *Hirudo medicinalis officinalis*. In jüngster Zeit konnte aber anhand von DNA-Untersuchungen nachgewiesen werden, dass es sich tatsächlich um zwei verschiedene Arten handelt, deren Wirkungsspektrum bei der Therapie allerdings völlig gleich ist.

Durch die intensive Nutzung im 19. Jahrhundert wurde die Art *H. medicinalis* in der freien Natur immer seltener und somit bei der medizinischen Anwendung immer mehr durch die Art *H. officinalis* ersetzt. Daher kann man heutzutage davon ausgehen, dass in der Regel die letztgenannte Art zum Einsatz kommt.

Am einfachsten lassen sich beide Arten an der Bauchfärbung unterscheiden. *Hirudo officinalis* hat eine mehr oder weniger einfarbige Bauchseite, wogegen *Hirudo medicinalis* eine unregelmäßige Fleckung auf der Unterseite besitzt. Die in diesem Buch abgebildeten Blutegel gehören alle zur Art *Hirudo officinalis* und werden im Folgenden einfach als (medizinischer) Blutegel bezeichnet.

Systematik des Blutegels

Stamm: Annelida (Ringelwürmer)

Klasse: Hirudinida

Unterklasse: Hirudinea (Egel)

Teilklasse: Euhirudinea

Ordnung: Archynchobdellida

Familie: Hirudinidae

Gattung: *Hirudo*

Art: *Hirudo medicinalis* und *Hirudo officinalis*

Anatomie

Der Blutegel gehört zwar „nur" zu den Ringelwürmern, eine in unseren Augen relativ primitive Tiergruppe. Allerdings ist die Struktur seines Körpers äußerst komplex und perfekt an seine Lebens- und Ernährungsweise angepasst.

Gesamtansicht des Blutegels: „durchsichtig" gezeichnet.

Gesamtansicht des Blutegels: mit Körperwand und Darm aufgeschnitten.

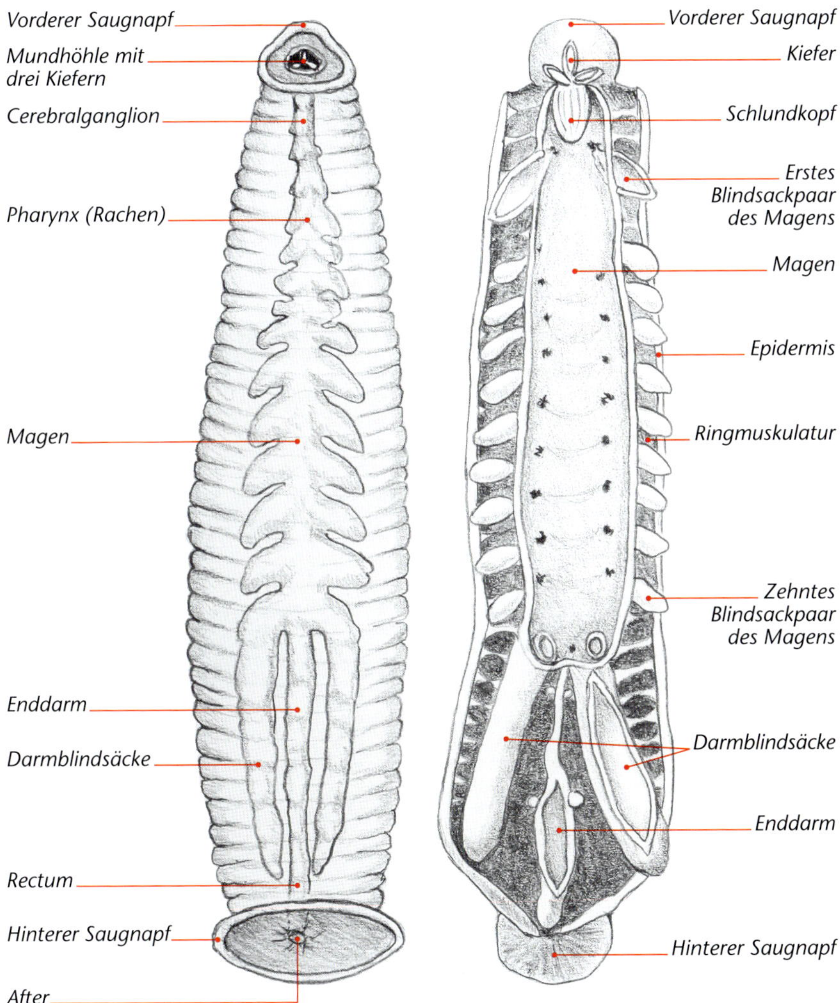

Der Körperbau

Der Körper des medizinischen Blutegels ist dicht geringelt. Jeweils fünf dieser Ringe (am Vorder- und Hinterkörper sind es weniger) entsprechen einem Segment. Insgesamt haben alle Blutegel – fast immer – 33 Segmente, zu denen noch der Kopflappen des ersten Segmentes hinzukommt. Der vordere Saugnapf wird durch die ersten vier Segmente und den Kopflappen gebildet. Der nachfolgende Rumpf setzt sich aus 22 Segmenten zusammen, während der Hinterkörper mit dem hinteren Saugnapf aus sieben Segmenten besteht.

Die tatsächliche Segmentzahl lässt sich bei den Blutegeln allerdings nicht direkt durch das Zählen der einzelnen Körperringe bestimmen, weil die Haut jedes Segmentes noch in sich drei- bis vierzehnfach geringelt ist. Allerdings trägt aber der mittlere Hautring jedes Rumpfsegments, was eine wichtige Eigentümlichkeit der Egel ist, eine regelmäßige Querreihe sehr auffälliger, knospenförmiger Sinnesorgane in einer für die einzelnen Arten charakteristischen Anordnung. So lässt sich die Segmentanzahl anhand dieser „Sinnesringe“ doch wenigstens indirekt ermitteln.

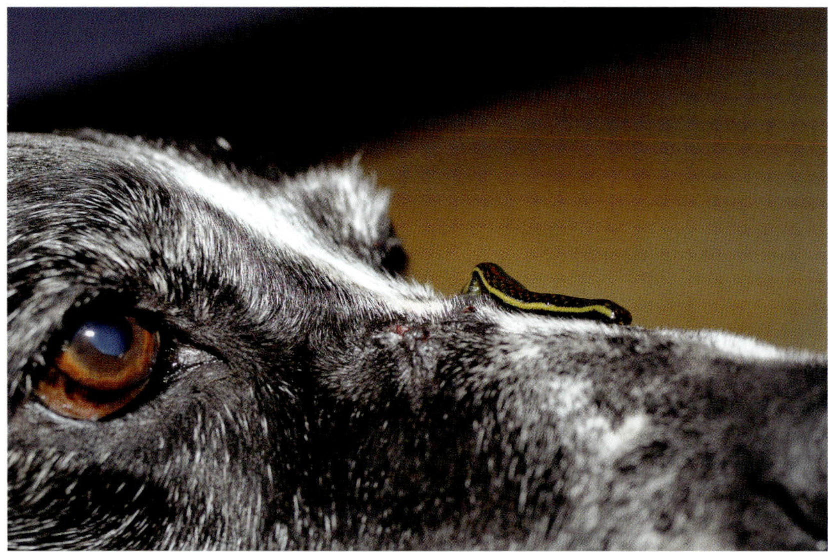

Die wunderbare farbige Zeichnung des Blutegels kommt selbst bei der Anwendung noch gut zur Wirkung.

Rücken- und Bauchseite des Blutegels lassen sich leicht unterscheiden. Die flache Bauchseite ist hell gefärbt, meistens grünlich oder bräunlich. Der gewölbte Rücken ist üblicherweise dunkelolivgrün (was als Normalfärbung bezeichnet werden kann) und weist orangebraune Längsstreifen auf, von denen sich zwei etwas dunklere an der Seite und zwei hellere oben auf dem Rücken befinden. Die Zeichnung der einzelnen Blutegel kann aber sehr variieren.

Beim medizinischen Blutegel sind bindegewebige Pigmentzellen mit hauptsächlich gelben, grünen, braunen und schwarzen Farbkörnern die Träger der Färbung.

Haut und Muskeln

Die Haut der Blutegel muss als Schnittstelle zur Außenwelt den besonderen Anforderungen eines Blutegeldaseins gerecht werden und besitzt somit einige bemerkenswerte Eigenschaften. Optisch dient sie der Arterkennung, ist pigmentiert und wird zur Tarnung eingesetzt. Die Haut wirkt als Barriere gegen Infektionen und schädliche Substanzen und dient der Osmoregulation sowie dem Stoffaustausch.

Dank seiner außergewöhnlichen Haut kann sich der Egel vor mechanischen Attacken schützen, zudem ist sie zur Atmung befähigt, reguliert den Gasaustausch und ist extrem dehnbar. Die Haut des Blutegels schützt ihn bei Überwinterung und der Sommerruhe und wirkt der Austrocknung entgegen. Insgesamt funktioniert sie wie ein einziges, kompliziert gebautes Sinnesorgan.

Die Epidermis (bei Wirbellosen ein einschichtiges Epithelgewebe) ist mit einem mit Poren versehenen Kollagengeflecht bedeckt. Diesem liegt eine Cuticula (Außenschicht) auf, die etwa alle drei bis zehn Tage mittels peristaltischer Bewegungen an einem Stück abgestreift wird. Die Abstände der einzelnen Häutungen werden von der Wasserbeschaffenheit, der Temperatur und dem Ernährungszustand der Egel beeinflusst. Mit abgestreift wird ebenfalls der der Cuticula aufliegende Schleimfilm. Diese Doppelschicht fängt Bakterien aus der Wasserflora auf, die sich sonst direkt auf der Epidermis abgelagert hätten, und streift sie bei jeder Häutung mit ab. Somit ist die Häutung eine natürliche Hilfe bei der therapeutischen Hygiene und sollte entsprechend unterstützt werden.

Misslingt die Häutung, können erhebliche Schädigungen des Blutegels auftreten, welche bis zum Tod führen können. Die Blutegel haben in diesem Fall oft tiefe Einschnürungen, die die Epidermis verletzen und zur Bakterienvermehrung unter dem Cuticularing führen können. Überstehen die Blutegel diese Schädigung, zeigen sich oft ringförmige Narben an der entsprechenden Stelle. Daher ist es wichtig, raue, scharfkantige Steine und hartblättrige Pflanzen in das Hälterungsgefäß zu geben, um eine komplikationslose Häutung zu ermöglichen.

Der Hautmuskelschlauch des Blutegels besteht aus vier Schichten:

- parallel angeordnete Längsmuskeln
- Quermuskeln
- zwei Lagen diagonal verlaufender Muskeln
- Dorsoventralmuskulatur zur Abflachung des Körpers

Mithilfe des Hautmuskelschlauches und seiner faltbaren Haut kann sich der Blutegel stark verformen. Die Dorsoventralmuskulatur sorgt für die Fähigkeit zur ausgeprägten Abflachung, somit kann sich der Egel zum Beispiel in engen Spalten verstecken. Diese starke Verformungsfähigkeit erfordert, dass der Blutegel in sorgfältig verschlossenen Behältnissen gehalten wird, da er sonst schnell durch kleine Zwischenräume oder Löcher „flüchten" kann.

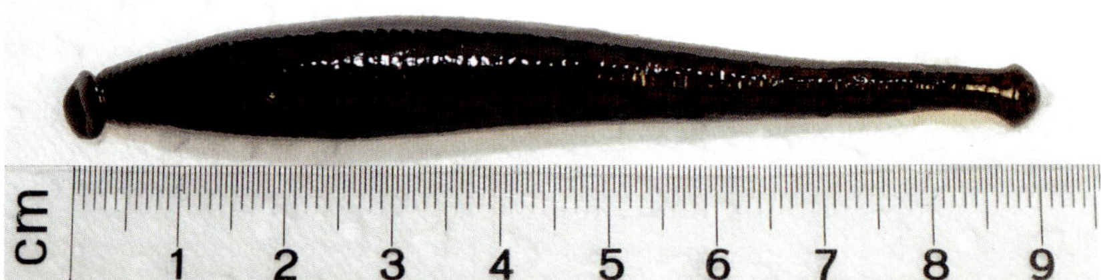

Ein in entspannter Position „liegender" Egel kann eine Länge von 9 cm erreichen.

Hier ein Größenvergleich zwischen einem hungrigen Egel (links) und einem satten Egel, der schon seine Blutmahlzeit hinter sich hat (rechts).

Die Sinnesorgane

Im dorsalen Kopfbereich des Blutegels liegen fünf Paar in die Haut eingelagerte sogenannte **Pigmentbecherzellen**. Sie dienen gewissermaßen als Augen und vor allem dazu, um bewegte Schatten wahrzunehmen. Diese Fähigkeit kann man testen, indem man mit der Hand einen Schatten auf den Kopf eines Blutegels fallen lässt, während dieser im Wasser ruht. Meistens reagieren die Tiere innerhalb kurzer Zeit auf diesen Reiz und bewegen sich.

Die **Thermorezeptoren** befinden sich an der Oberlippe des Egels, außerdem finden sich **Tastsensoren** und **Chemorezeptoren** am Kopf der Tiere.

Über den Körper verteilte Sinnesknospen dienen der Rezeption von Berührungen, Wasserbewegungen und Schmerz. Wird der Blutegel mit der Pinzette oder der Hand zu grob angefasst, lösen die **Schmerzrezeptoren** die Fluchtreaktion aus. Berührungen an der Oberlippe und im Kopfbereich sollten besonders vermieden werden.

Durch die Lage der Sinnesorgane auf dem First der Ringe kann der Egel auch in stark kontrahiertem Zustand Reize wahrnehmen.

Die Saugnäpfe

Wie bereits beschrieben, befindet sich beim medizinischen Blutegel an jedem Körperende ein Saugnapf: der kleine, löffelförmige Saugnapf vorn am Kopf und der größere am hinteren Ende des Körpers. Hat sich der Blutegel zum Beispiel an einer Glaswand festgesaugt, kann man sehr gut die drei mercedessternförmig angeordneten Kiefer im vorderen Saugnapf erkennen. Unter dem Mikroskop zeigen sich dann bei genauerer Betrachtung die auf dem Rand des Kiefers aufsitzenden, verkalkten Zähnchen, von denen etwa 80 Stück vorhanden sind.

Die drei sternförmig angeordneten Kiefer des Blutegels befinden sich innerhalb des vorderen Saugnapfes.

Der **Mundöffnung** schließt sich ein sehr muskulöser Schlund an. Hier beginnt auch der gesamte Darmkanal des Blutegels. Auf den Schlund folgt im weiteren Verlauf die Speiseröhre, welche in einen ausgedehnten **Mitteldarm** führt. Dieser lässt sich meist in zwei Regionen, nämlich einen Magenabschnitt und einen **Hinterdarm** untergliedern.

Hier ist die typische Anordnung der drei Kiefer gut zu erkennen.

Der **Magen** weist auf jeder Seite einen **Blindsack** auf. Darin wird die aufgenommene Nahrung gespeichert. Sind die Blutegel gezwungen, einige Zeit auf einen Nachschub an Nahrung zu warten, greifen sie auf den in den Blindsäcken gespeicherten Vorrat zurück. Von diesen Blindsäcken wird die Nahrung in kleinen Portionen an den Hinterdarm abgegeben, welcher diese verdaut und die unverdaulichen Reste durch einen kurzen Enddarm ausstößt. Dieser öffnet sich auf der Rückenseite des vor der hinteren Haftscheibe gelegenen Segmentes des Blutegels.

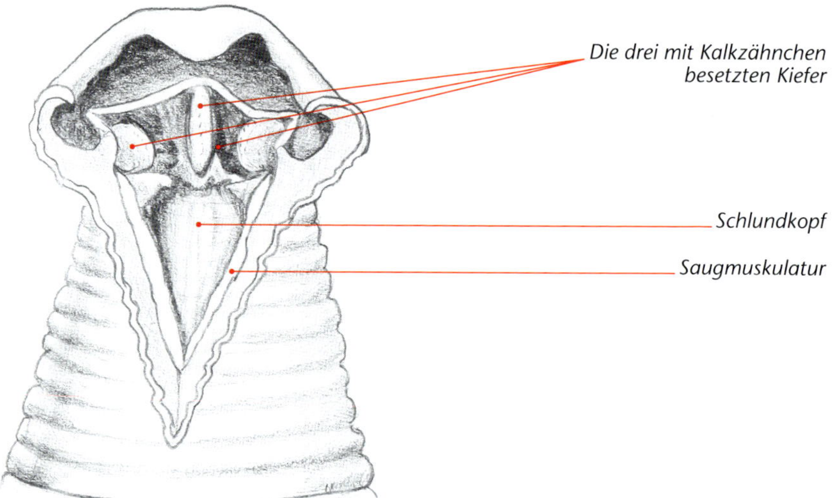

Das Vorderende des Blutegels, ventral (bauchseits) aufgeschnitten.

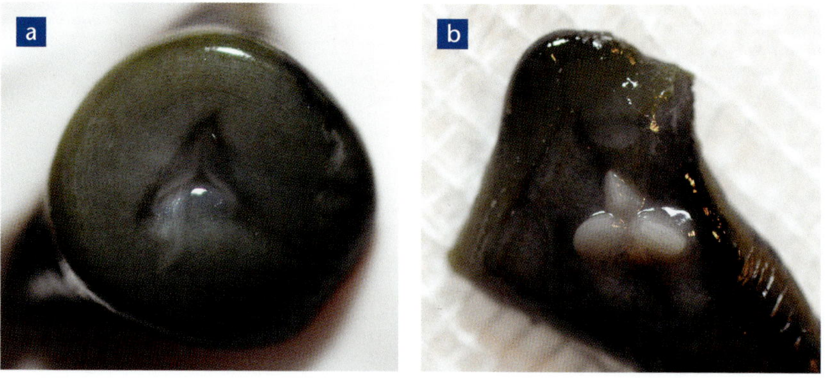

Bei diesem präparierten Blutegel erkennt man die dreieckige Mundöffnung (a) und die darin befindlichen drei Kiefer (b), auf denen sich die 80 Kalkzähnchen befinden.

Die Exkretionsorgane

Zu beiden Seiten der Mittellinie werden hin und wieder feine Poren (**Metanephridien**) sichtbar, sogenannte Exkretionsporen. Davon gibt es 17 Paar an den Segmenten Nummer 6 bis 22. Ihre manchmal noch in eine Exkretionskapsel eingeschlossenen Wimperntrichter öffnen sich in die Lakunen der Leibeshöhle, denen sie hauptsächlich feste Stoffe entziehen.

Als **Lakune** wird eine oft mit Flüssigkeit gefüllte Vertiefung oder Lücke bezeichnet.

Die Flüssigkeitsausscheidung wird von den anschließenden langen und gewundenen Nephridialkanälchen übernommen. Zu diesem Zweck sind sie von vielen feinen Blutgefäßen oder engen Lakunen der Leibeshöhle umsponnen. Am Ende des Kanälchens sammelt eine kleine **Harnblase** die Exkrete und stößt sie von Zeit zu Zeit durch einen feinen Porus aus.

Die Geschlechtsorgane

Auf der Bauchseite fallen bei ganz genauer Betrachtung zwei auf kleinen Papillen stehende Öffnungen auf. Dies sind die Geschlechtsöffnungen. Da Blutegel zwittrig sind, gibt es vorn die männliche und dahinter die weibliche Geschlechtsöffnung. Die Keimdrüsen der Blutegel liegen immer in völlig von der übrigen Leibeshöhle abgeschlossenen sogenannten Coelomsäckchen, aus deren Wandung sie hervorwuchern. Als **Coelom** wird die sekundäre Leibeshöhle mit einem flüssigkeitsgefüllten Hohlraum bezeichnet, der als Flüssigkeitspolster die Funktion eines Hydroskeletts übernimmt.

Bei den meisten Egelarten sind die **Hoden** auf beiden Seiten in vier bis 17, manchmal sogar in über 100 Samensäckchen aufgegliedert. Sie stehen durch einen gemeinsamen Ausführgang miteinander in Verbindung. Kurz vor der am 10. Segment liegenden männlichen Geschlechtsöffnung vereinigen sich die Ausführgänge der beiden Seiten und bilden dort einen als Atrium bezeichneten Vorraum. Dieser enthält meist einen ausstülpbaren Kopulationsapparat.

Die **weiblichen Keimdrüsen** sind oft schlauchartig lang gestreckt und im Gegensatz zu den männlichen nie aufgegliedert. Sie enthalten mehrere Keimzellstränge, von denen die Eier produziert werden. Die beiden **Eierstöcke** gehen vorn in kurze **Eileiter** über, die ihrerseits in eine unpaarige Begattungstasche, die **Vagina**, münden. Die weibliche Geschlechtsöffnung befindet sich immer hinter der männlichen und ist normalerweise durch einen oder mehrere Hautringe von ihr getrennt. So kommt sie auf das 11. oder manchmal auf das 12. Segment zu liegen.

Die Genitalregion verdickt sich bei vielen Blutegelarten zu einem drüsigen Gürtel, dem **Clitellum**, das als kokonbildendes Organ für die Eiablage bedeutungsvoll ist.

Das Blutgefäßsystem

Zwischen dem Darm und der Körperwand erstreckt sich ein einheitlicher Leibesraum, der fast vollständig von einem langfaserigen Bindegewebe ausgefüllt wird. Dieses Füllgewebe enthält Reste einer sekundären Leibeshöhle in Form eines weit verzweigten Lakunensystems. Damit gemeint ist ein offenes Spaltraumsystem, bei dem sich Blut und Lymphe zur Hämolymphe vermischen, sodass Gewebe und Zellen direkt umspült werden. Dieses Lakunensystem hat bei den höher entwickelten Formen der Blutegel die Funktion des Blutgefäßsystems übernommen, während es bei den ursprünglicheren Vertretern der Art von den Blutgefäßen streng getrennt ist. In dem Fall erweitert sich das Lakunensystem an den beiden Körperseiten und über und unter dem Darm oft zu umfangreichen Hohlräumen, welche das Blutgefäßsystem, die Geschlechtsorgane und große Teile des Nervensystems umschließen.

Sofern das Blutgefäßsystem nicht von den Lakunen der Leibeshöhle ersetzt wird, ist es relativ einfach aufgebaut. Im Wesentlichen besteht es aus zwei Längsgefäßen, von denen eines über und eines unter dem Darm liegt. Diese beiden Hauptgefäße sind vorn und hinten durch mehrere Querschlingen miteinander verbunden. In der Region des Hinterdarms erweitert sich das Rückengefäß so, dass es ihn vollständig einschließt. Diese Eigenschaft erleichtert den Übergang der Nährstoffe in das Blut.

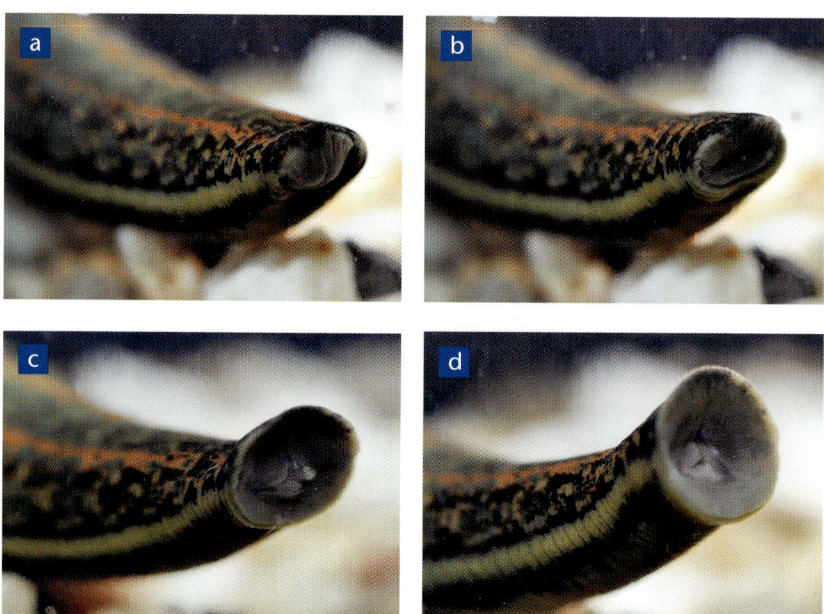

Auf diesen Bildern ist gut zu erkennen, wie der Blutegel seinen vorderen Saugnapf sehr variabel bewegen kann.

Von den beiden Hauptblutgefäßen zweigt ein feines Kapillarnetz in die Haut. Hier vollzieht sich der Gasaustausch. Die Blutflüssigkeit wird durch rhythmische Kontraktionen, besonders im Rückengefäß, ständig in Umlauf gehalten und ist farblos oder durch gelöstes Hämoglobin rot gefärbt.

Die Fortpflanzung

Ein Blutegel wird irgendwann im Alter zwischen zwei und vier Jahren geschlechtsreif. Der Zeitpunkt ist abhängig von der Qualität der Nahrung und der Frequenz der Nahrungsaufnahme. Die Aufnahme von Säugetierblut ist für die Geschlechtsreife offenbar zwingend notwendig.

Der Fortpflanzungszyklus beginnt dann im Mai oder Juni mit der Paarung. Diese erfolgt immer wechselseitig, eine Selbstbefruchtung findet nicht statt. *Hirudo medicinalis* und *Hirudo officinalis* sind zunächst männlich und werden dann sukzessive weiblich, was bedeutet, dass sie protandrische **Zwitter** sind.

Je nachdem, ob die verschiedenen Egelarten ein ausstülpbares Kopulationsorgan haben oder nicht, geht die Begattung auf zweierlei Weisen vor sich. Im ersten Fall überträgt der Blutegel seine Spermien mithilfe des Penis in die Begattungstasche des Partners. Hierzu schmiegen sich beide Egel mit der Geschlechtsregion eng aneinander. Dies geschieht im Wasser, in selteneren Fällen auch in Erdhöhlen am Ufer, und kann bis zu 18 Stunden dauern.

Im anderen Fall werden dem Partner Spermatophoren, das sind röhren- oder birnenförmige Bildungen, die vom männlichen Genitalatrium produziert werden und eine unterschiedlich hohe Anzahl von Spermien enthalten, in die Haut eingesetzt. Die Spermien wandern aus diesen eingepflanzten Spermatophoren von der Haut aus über vorbestimmte Bahnen zu den Eierstöcken.

Blutegel besitzen die Fähigkeit, Sperma in den Ovarien zu speichern, daher schwankt die Zeit zwischen Begattung und Ablage des Kokons zwischen vier Wochen und neun Monaten.

Dafür graben sich die Egel in der feuchten Ufererde über der Wasseroberfläche Gänge in das Erdreich und legen dort die Kokons ab. Dies geschieht über das Clitellum, einer drüsenreichen Zone im vorderen Drittel des Egels. Dort wird eine viskose Flüssigkeit durch schnelle und kräftige Körperkontraktionen „schaumig“ geschlagen, anschließend werden zehn bis 30 Eier und Dotter in die sich bildende Hülle gegeben.

Jeder Egel kann im Laufe eines Sommers innerhalb von fünf bis zwölf Tagen bis zu acht solcher Kokons ablegen. Diese haben eine feste, innen glatte und außen schwammartige Hülle, die „Hirudoin“ genannt wird und aus Protein besteht. Nach dem Rückzug des Blutegels färbt sich diese von weiß zu gelbbraun. Der erstarrende Kokon besitzt zwei kleine Löcher von bis zu 1 mm Durchmesser, die den Jungegeln zum Ausschlüpfen dienen.

Die Ausreifung der Embryos ist sehr temperaturabhängig und kann von einigen Tagen bis zu einer kompletten Überwinterung dauern. Meistens schlüpfen die etwa 1 cm langen Jungegel im nächsten Frühjahr aus den Kokons und begeben sich ins Wasser. Bis auf die Geschlechtsorgane sind die Jungtiere vollständig wie das erwachsene Tier ausgebildet und durchlaufen keine weitere Metamorphose. Bei nächster Gelegenheit suchen sie sich Kaulquappen oder Frösche, um das erste Mal Blut zu saugen. Sie können allerdings bis zu sechs Monate nach der Geburt ohne Nahrung überleben.

Der Lebensraum

Blutegel leben vorzugsweise in stehenden Gewässern wie reich mit Pflanzen bewachsene Wiesentümpel oder kleine, flache Seen. Dort halten sie sich überwiegend in Ufernähe auf, denn hier vermutet der Egel seine Wirtstiere und legt seine Kokons ab. Blutegel können auf anaerobe Atmung umstellen und somit eine Zeit lang ohne Atemluft auskommen. Sie gewinnen dann den notwendigen Sauerstoff aus dem Wasser. Ebenso können sie den Sauerstoff aus der Luft aufnehmen und über die Haut an die Blutgefäße weitergeben. Das ermöglicht ihnen auch, einen gewissen Zeitraum ohne Wasser überleben zu können, allerdings vertrocknen sie ohne Feuchtigkeit recht schnell.

 Blutegel fühlen sich in stehenden Gewässern mit viel Pflanzenbewuchs wohl.

Der Blutegel benötigt zum Leben naturbelassene, saubere Gewässer, da er sehr empfindlich auf Umweltverschmutzungen reagiert. Das ursprüngliche Verbreitungsgebiet erstreckte sich von Mittel- und Südeuropa bis nach Westrussland und über Ungarn bis in den Iran und Nordafrika. Durch die intensive Nutzung des Blutegels im 19. Jahrhundert wurde er beinahe vollständig ausgerottet. Sein Bestand hat sich in den letzten Jahrzehnten allerdings erholt und nun ist er in Europa und nördlich bis nach Südskandinavien angesiedelt.

Die Ernährung

Säugetiere, die zum Trinken ans Wasser kommen, sind die Hauptnahrungsquelle erwachsener Blutegel. Angelockt werden die Ringelwürmer aus ihren Verstecken durch die vom Säugetier ausgelösten Wasserwellen. Dann schwimmen sie delfinartig auch aus einigen Metern Entfernung auf ihr Opfer zu und heften sich schnell mit dem vorderen und hinteren Saugnapf an. Haben sich die Blutegel eine Bissstelle ausgesucht, drücken sie den vorderen Saugnapf senkrecht von oben gegen die Haut und stülpen die Mundhöhle mit den Kiefern nach außen. Dabei heften sie sich so stark an, dass nach dem Abfallen eine ringförmige Rötung auf der Haut zu erkennen ist. Nun schieben die Egel einige Leibesringe nach, sodass der ganze vordere Körperteil eine zylindrische Form annimmt, und heben diese in die Höhe.

Ein Blutegel bei der Nahrungsaufnahme: Mit dem vorderen Saugnapf heftet er sich an die Bissstelle an und mit dem hinteren Saugnapf stützt er sich zusätzlich ab.

Haben sie sich einmal so festgesaugt, beginnen die drei mit etwa 80 Kalkzähnchen besetzten Kiefer die Haut zu durchsägen. Der mercedessternförmige Biss ist etwa 2 mm tief und kann von der Schmerzhaftigkeit mit einem Insektenstich verglichen werden, sofern er überhaupt bemerkt wird. Denn wäre der Blutegelbiss schmerzhafter, würde das Wirtstier den Egel sofort bemerken und versuchen, ihn abzustreifen. Dann würde er ohne Mahlzeit auskommen müssen.

Blut als Lebenselixier
Bei einem Saugakt kann ein Blutegel sein Eigengewicht um das Fünffache vermehren und hat dann je nach seiner Größe zwischen 3 und 16 g Blut aufgenommen. Infolgedessen schwillt der Egel bis zu Fingerdicke an. Die aufgenommene Menge Blut reicht dann aus, um ihn die nächsten 15 bis 18 Monate am Leben zu erhalten. In der Zeit braucht er keine weitere Nahrung.

Damit das Blut während des Saugvorganges und später im Darm des Blutegels nicht gerinnt, gibt er über die Saliva, also den Speichel, einen gerinnungshemmenden Stoff namens Hirudin ab, der das Blut flüssig hält. Durch wellenförmige Muskelkontraktionen, die während des Saugaktes gut zu beobachten sind, wird das aufgenommene Blut gleichmäßig in den Blindsäcken des Magen-Darm-Bereichs verteilt. Die festen Bestandteile des Blutes werden dort vom Blutplasma getrennt. Das Blutplasma wird noch während der Mahlzeit über die Haut ausgeschieden, was durch einen wässrigen, leicht schleimigen Film auf der Blutegelhaut sichtbar wird. Aufgrund dieser Ausscheidung werden nur etwa 60 Prozent der vom Blutegel getrunkenen Blutmenge gespeichert.

Aufgrund der Hirudineingabe über den Blutegelspeichel blutet die Bissstelle bis zu zwanzig Stunden nach, was dann etwa 50 ml Blut entsprechen kann. Die Zeit des Nachblutens und somit auch die Menge des abgegebenen Blutes können aber auch wesentlich kürzer sein.

Die Gerinnungshemmer, die in den Verdauungssäften enthalten sind, halten den Mageninhalt dauerhaft flüssig. Die Nährstoffe der festen Blutbestandteile bleiben während des sehr langsamen Verdauungsvorganges erhalten und es entstehen keine Fäulnisprozesse.

Nach der Nahrungsaufnahme ist der Blutegel so prall mit Blut gefüllt, dass er nicht mehr fähig ist, wie bisher elegant durchs Wasser zu schwimmen, und sucht sich schnellstmöglich einen dunklen und engen Unterschlupf im Gewässer. Dort versucht er sich vor Fressfeinden – auch den eigenen Artgenossen – zu verstecken.

Beobachtungen zeigen, dass satte, ungenügend versteckte Blutegel nach zwei bis drei Wochen nicht mehr von ihren Artgenossen angegriffen werden. Dies hat offenbar mit der Emission bestimmter Substanzen aus dem Blut zu tun. Nach dieser Zeit werden wohl keine verräterischen Substanzen mehr ausgeschieden. Frühestens nach zwei bis vier Monaten begibt sich der Blutegel erneut auf Nahrungssuche. Nach dieser ersten Verdauungsphase erreicht die Saliva-Menge einen Höchststand. Nach

Nach der Nahrungsaufnahme versucht sich der Blutegel instinktiv zwischen Steinen zu verstecken. Dabei wird die Umgebung mit dem kleinen, löffelförmigen Saugnapf und den am Kopf befindlichen Sinnesorganen untersucht.

der Mahlzeit benötigt er für die Verdauung drei bis 18 Monate, übersteht dann aber völlig leer weitere vier bis 21 Monate ohne jegliche weitere Nahrungsaufnahme. Ruhe ermöglicht ihm diese Hungerkunst. Der Blutegel erreicht durch die extrem große Vorratskammer der Magendivertikel und durch die Ruhephasen eine optimale Verwertung der Nährstoffe.

Die Wirkstoffe der Saliva

Die herausragende heilende und entzündungshemmende Wirkung der Blutegeltherapie basiert vor allem auf den Inhaltsstoffen des Blutegelspeichels. Obwohl der Blutegel schon so lange in der Medizin verwendet wird, ist bis heute aber über die tatsächliche Wirkung nur wenig bekannt, was einen eigentlich bei dem Kenntnisstand des 21. Jahrhunderts verwundert.

Die Wissenschaft geht heute von 30 bis 100 verschiedenen Substanzen im Blutegelspeichel aus. Einigermaßen erforscht ist davon aber bisher nur ein kleiner Bruchteil.

Die Speicheldrüsen sind nachweislich keimfrei. Bei fachgerechter Anwendung während der Blutegeltherapie besteht somit kein Infektionsrisiko für den Patienten, selbst wenn in den Zwischenräumen des Bindegewebes Milzbranderreger vorhanden wären.

Die bisher bekannten und erforschten Inhaltsstoffe der Saliva werden im Folgenden kurz vorgestellt. Sie haben ganz unterschiedliche Wirkungsweisen und erklären somit auch die vielseitigen Anwendungsmöglichkeiten der Blutegel.

Hirudin

1884 entdeckte ein britischer Physiologe namens John Berry Haycraft, dass Blutegel während des Saugaktes einen Stoff mit stark gerinnungshemmender Wirkung absondern. Diesen Stoff benannte er 1904 Hirudin (abgeleitet von Hirudo = Blutegel). Es ist wohl der bekannteste Wirkstoff des medizinischen Blutegels. Erstmals wurde der Wirkstoff Hirudin 1955 vom Pharmakologen Fritz Markwardt aus den Köpfen von Blutegeln extrahiert.

Als direkter Hemmstoff von Thrombin – das ist der wichtigste Gerinnungsfaktor des Blutes – verhindert Hirudin die Bildung stabiler Gerinnsel, sogenannte Thromben. Es wirkt aber nur kurz und dient hauptsächlich dazu, das Blut während des Saugaktes des Egels fließfähig zu halten.

Inzwischen wird Hirudin mithilfe von Hefezellen gentechnisch hergestellt (bekannt unter dem Namen Lepirudin) und vielfältig in der Humanmedizin eingesetzt.

Info
Calin inaktiviert den Von-Willebrand-Faktor. Dieser ist ein Protein, der eine Brücke zwischen Blutplättchen (Thrombozyten) und verletzter Gefäßwand bildet, damit sich der Riss im Endothel schnell wieder verschließen kann. Solange der Von-Willebrand-Faktor vom Calin inaktiviert wird, können die Thrombozyten die Verletzung in der Gefäßwand nicht verschließen. Die Wunde bleibt offen und blutet weiter.

Calin

Calin wirkt deutlich länger als Hirudin und ist ebenfalls gerinnungshemmend. Es sorgt dafür, dass die Wunde länger als zwölf Stunden nachblutet und ist somit für den sanften Aderlass und die anhaltende Reinigung der Wunde verantwortlich.

Hyaluronidase

Hyaluronidase ist ein Enzym, welches die Permeabilitätsschranke (Durchlässigkeitsschranke) der Zell- und Gefäßwände herabsetzt und somit ein leichteres Durchdringen der Wirkstoffe in das Gewebe bewirkt. Bei Versuchen an Mäusen konnten antibiotische Wirkungen nachgewiesen werden, wobei wahrscheinlich die Schleimkapseln von Streptokokken angegriffen werden.

Info

Hyaluronidase ist ein Enzym, das Hyaluronsäure, einen wichtigen Bestandteil im Bindegewebe des Tieres, abbaut. Bei der Reaktion, die Hyaluronidase hervorruft, handelt es sich um einen der Verdauung ähnlichen Vorgang, bei der das Bindegewebe durch die enzymatische Wirkung aufgelöst wird. Diese Reaktion macht man sich bei der Behandlung von Wunden zunutze, die bei der sogenannten Sekundärheilung zu einem vorzeitigen Verschluss neigen. Nebenbei ermöglicht die Hyaluronidase das Eindringen der Samenzelle in die Eizelle und somit die Befruchtung.

Der Vorgang der Zusammenlagerung (**Aggregation**) von Blutplättchen (Thrombozyten) wird als Thrombozytenaggregation bezeichnet. Dieser Prozess dient dem Verschluss von verletzten Blutgefäßen und gehört zur zellulären Hämostase (von Griechisch Häma = Blut und Stasis = Stauung, Stockung, Stillstand).

Egline

Eglin B und C sind Proteaseinhibitoren, das heißt, sie hemmen die Verdauungsproteasen (Proteasen sind eiweißspaltende Enzyme) und wirken dadurch entzündungshemmend.

Bdellin

Bdellin verhindert nach dem Biss des Blutegels eine Entzündungsreaktion der Haut. Diese in der Saliva enthaltene Substanz wirkt gerinnungs- und entzündungshemmend.

Orgelase

Wie die Hyaluronidase wirkt die Orgelase gefäßerweiternd und beschleunigt den Lymphstrom. Dadurch wird eine rasche Ausbreitung der Substanzen in der Nähe der Bissstellen bewirkt. Es verschafft anderen Speichelsubstanzen Platz im Zwischenzellraum. Zudem verstärkt es den Blutstrom im Wundgebiet und wirkt schleimbildend im Wundbereich. Man sagt diesem Wirkstoff wie der Hyaluronidase eine bakterizide Wirkung nach.

Apyrase

Dieses Enzym hemmt die Thrombozytenaggregation und ist daher ein sehr wichtiger Bestandteil im Speichel des Blutegels.

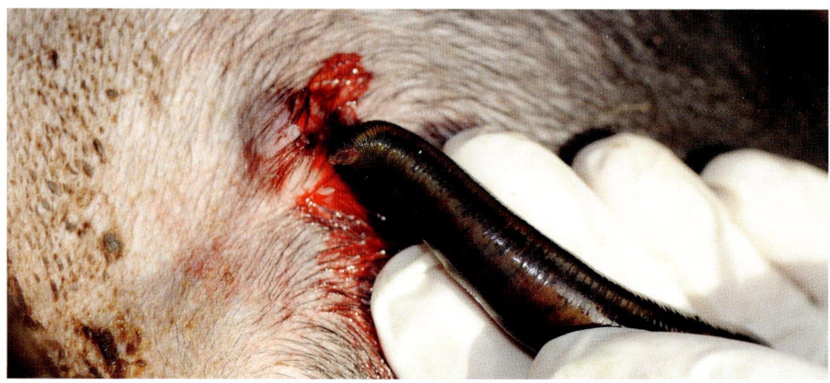

Hat sich der satte Egel von seinem Wirt gelöst, sorgen die Inhaltsstoffe seiner Saliva für eine Nachblutung, indem sie vorübergehend die Gerinnung des Blutes verhindern.

Info
FXa ist die Abkürzung für Faktor Xa. Der Inhibitor (Yagin) sorgt für die Hemmung des Faktors Xa. FXa spielt wie Thrombin eine zentrale Rolle in der Blutgerinnung. FXa ist das aktive Enzym im Prothrombinase-Komplex, der die Bildung von Thrombin katalysiert. Die Hemmung von FXa kann daher die fortwährende Neubildung von Thrombin verhindern, was durch einen Thrombinhemmstoff nicht möglich ist. Allerdings verhindert ein FXa-Inhibitor in therapeutischer Dosierung die Thrombinbildung nicht vollständig.

Destabilase und Kollagenase

Es gibt zwei Arten von Destabilase. Destabilase M löst die Blutgerinnung und Destabilase L wirkt antibiotisch. Kollagenase und Destabilase sind Hydrolasen und wirken fibrinolytisch, das heißt, sie lösen entstehende Fibrinfäden sofort wieder auf und verhindern somit vorübergehend den Wundverschluss.

Piyavit

Diese Substanz besteht aus Prostaglandin und Destabilase und dient zur Auflösung von Thromben.

Yagin

Yagin ist ein polypeptidartiger Inhibitor des FXa (siehe Kasten) und hat eine antithrombotische Wirkung.

Hirustasin

Hirustasin ist ein weiterer Proteaseinhibitor des Blutegelspeichels. Er gehört zur Gruppe der Serin-Proteinasen und tritt in zwei Isoformen auf. Dieses eiweißspaltende Enzym hemmt Trypsin, Kallikrein, Chymotrypsin und neutrophiles Kathepsin G.

Die Hälterung des Blutegels

Blutegel dürfen nur von autorisierten Fachhändlern angeboten und vertrieben werden. Sie können sie in der Apotheke oder direkt bei der Zuchtstätte wie zum Beispiel bei sogenannten „Blutegelfarmen" bestellen. Weitere Informationen dazu wie Adressen, Preise und Hinweise zum Bezug der Blutegel finden Sie im Anhang dieses Buches.

Sind die Blutegel nun bei Ihnen nach dem Kauf in der Apotheke oder der Bestellung bei einer Zuchtstätte eingetroffen, gilt es, einige Regeln zur Hälterung der Tiere zu beachten.

Für die vorübergehende Aufbewahrung eines Blutegels eignen sich einfache Marmeladengläser.

Geeignete Gefäße

Das Gefäß für die Blutegel muss unbedingt fest verschließbar sein, denn die Ringelwürmer können sich sehr dünn machen und durch fast jedes noch so kleine Loch entwischen. Auch eventuelle Luftlöcher im Deckel sollten kleiner als ein Stecknadelkopf sein. Für die Luftzufuhr reicht es aber in der Regel, wenn der Deckel des Gefäßes regelmäßig, zum Beispiel für die Entnahme eines Blutegels, geöffnet wird. Falls Sie mehrere Tage keinen Egel herausnehmen müssen, öffnen Sie einfach kurz das Gefäß zur Belüftung.

Als vorübergehende Aufbewahrungsgefäße eignen sich zum Beispiel **Marmeladengläser** oder **Einmachgläser**, die vor der Verwendung mit kochendem Wasser gereinigt werden müssen, um eine Keimfreiheit zu erreichen. Die Deckel müssen gut verschließbar sein. Beim Schraubverschluss der Marmeladengläser muss darauf geachtet werden, keinen „fliehenden" Blutegel versehentlich im Schraubgewinde einzuquetschen. Je kleiner das Glas ist, desto öfter muss ein Wasserwechsel durchgeführt werden (Näheres dazu siehe Seite 39). Daher empfiehlt es sich, ein etwas größeres Glas zu verwenden.

Der **Egeltopf** aus Keramik sieht dekorativ aus und enthält einen gelochten Inneneinsatz, was den Wasserwechsel sehr erleichtert. Da er relativ groß ist, bietet er die Möglichkeit, bis zu 40 Blutegel (bei regelmäßigem Wasseraustausch) darin zu hältern. Zudem sind die Tiere vor starker Sonneneinstrahlung und Temperaturschwankungen geschützt. Allerdings kann man die Tiere nicht von außen beobachten und man entdeckt deshalb nicht so schnell kranke oder tote Egel.

Das **Egelauge** ähnelt einem Goldfischglas. Es ist ein rundes Glasgefäß, dessen Deckel eine Linse bildet. Diese vergrößert die Ansicht des Inneren so stark, dass man die Blutegel bei ihrem Alltagstreiben schön beobachten kann. Hier fühlen sich etwa zehn Egel wohl. Enthält das Egelauge Kies und Pflanzen, sieht es wie ein dekoratives Aquarium aus.

Vor dem Einsetzen

Ist die Lieferung der Blutegel bei Ihnen angekommen, überprüfen Sie bitte als Erstes den Zustand der Tiere. Es kann durchaus vorkommen, dass manche Egel den Transport nicht überstanden haben. Sortieren Sie die verendeten Tiere dann aus. Auch kranke Blutegel dürfen nicht mehr mit den gesunden Tieren in das neue Hälterungsgefäß gesetzt werden. Schlappe Blutegel mit grauer, schmieriger Haut oder Exemplare mit Einschnürungen oder Geschwüren müssen ebenfalls entfernt werden.

Das weißliche, durchscheinende Gebilde vor dem Egel ist die Haut, die er abgestoßen hat. Damit die Häutung immer gut erfolgen kann, sollten scharfkantige Steine in dem Gefäß vorhanden sein.

Um das neue Gefäß nicht gleich zu verunreinigen, spülen Sie die Blutegel mit frischem Wasser ab, um die Schutzhaut zu entfernen, welche die Egel alle zwei bis vier Tage abstreifen, um sich zu häuten. Damit die Blutegel im neuen Gefäß die Häutung leichter vollziehen können, benötigen sie einige Steine. Dies können gesammelte Steine (auch scharfkantige) oder Aquariumkies aus dem Zoofachhandel sein. Die Steine sollten ebenfalls vorher mit kochendem Wasser abgespült werden, um eventuelle Keime oder Bakterien abzutöten, und erst im abgekühlten Zustand in das Gefäß gegeben werden.

Die Egel graben sich gern zur Ruhephase in eine tiefere Kiesschicht ein. Dabei streifen sie die alte Haut gleich mit ab. Die abgestoßene Haut ist dann als hauchdünnes weißliches, durchscheinendes Gewebe im Wasser zu finden und wird mit dem Wasserwechsel entfernt.

Als schattiges Versteck bieten sich für die lichtscheuen Egel auch hartgewebige Wasserpflanzen wie zum Beispiel die Wasserpest an.

Oft positionieren sich die Blutegel in den Hälterungsgefäßen so, als wären sie auf Nahrungssuche, an der Wasseroberfläche, indem der vordere Saugnapf über, der hintere unter der Wasseroberfläche liegt. Dies dient der vermehrten Aufnahme von Sauerstoff aus der Luft über die Haut.

Wenn Sauerstoffmangel herrscht, ist auch noch eine weitere typische Verhaltensweise bei den Tieren zu beobachten: Der Blutegel heftet sich mit dem hinteren Saugnapf an die Gefäßwand und beginnt, mit auslaufenden Schwingungen peitschenartig den Körper zu bewegen. Er schwimmt sozusagen mit flach ausgebreitetem Körper auf der Stelle und versucht so, weniger verbrauchtes, sauerstoffreicheres Wasser in seine Umgebung zu fächeln.

Mit diesen wellenförmigen Schwimmbewegungen versucht der Blutegel, sich sauerstoffreiches Wasser zuzufächeln.

Auch ein suchendes Umherkriechen an der Gefäßwand oder ein Festheften außerhalb der Wasseroberfläche kann vorkommen. Sehr gern saugen sich die Blutegel auch an einer horizontalen Fläche, zum Beispiel dem Deckel des Gefäßes, für mehrere Stunden von unten an. Dabei liegen die beiden Saugnäpfe so eng beieinander, dass der Körper eine hängende Schleife bildet. Hierbei hat man den Eindruck, als würden sich die Tiere bei diesem „Rumhängen“ entspannen.

Umgebungstemperatur

In freier Natur überleben Blutegel auch in zugefrorenen Gewässern. Da diese nie komplett durchgefroren sind, bleibt für den Sauerstoff- und Feuchtigkeitshaushalt der Egel noch genug flüssiges Wasser übrig. Auch die Luftblasen, die sich unter dem Eis bilden, reichen dem Blutegel für die Sauerstoffzufuhr aus.

Bei diesen kalten Temperaturen gelangen die Blutegel in einen „Energiesparmodus“. Sie werden träge in der Bewegung und sparen ihre Energie für den Wärmehaushalt auf. Dabei wirken sie wie schlafend.

Deshalb ist es ratsam, die Blutegel zu Hause nicht bei Zimmertemperatur oder gar in beheizten Räumen aufzubewahren. Nicht beheizte Räume, in denen das Wasser aber nicht gefrieren kann, eignen sich am besten zur Hälterung. Die optimale Temperatur liegt bei etwa 8 °C; dann leben die Blutegel am ruhigsten und gesündesten.

Vor dem Einsatz der Egel setzt man sie einfach aus dem Hälterungsgefäß in zimmerwarmes Wasser um. Sie wachen dann schnell auf und sind zudem bissfreudiger, als wenn sie ganzjährig „im Warmen“ verbringen würden. Dies ist vorteilhaft, wenn zum Beispiel eine Behandlung im kalten Pferdestall bevorsteht.

Sowohl bei Veränderungen des Sauerstoffgehaltes als auch bei Temperaturveränderungen wird eine gesteigerte Schwimmaktivität der Tiere beobachtet. Früher nahmen die Menschen an, dass Luftdrucksenkungen vor einem Wetterumschwung die erhöhte Schwimmaktivität auslösten. Daher wurden die Blutegel 1851 in London auf der „Großen Ausstellung der Industriellen Werke aller Nationen“ in Form des „Merryweather barometers“ als lebende Barometer angepriesen. Diese Fähigkeit ließ sich allerdings bis heute nicht bestätigen.

Vor oder nach einem Gewitter werden die Blutegel allerdings deutlich aktiver, weshalb die „Barometerfunktion“ dieser Ringelwürmer wohl noch weiterhin diskutiert werden kann. Schattenbewegungen können die Blutegel ebenfalls zu erhöhter Aktivität reizen. Wahrscheinlich wird hierdurch der Jagdtrieb ausgelöst.

Starke, lang andauernde Sonneneinstrahlung kann für die Egel tödlich sein. In freier Natur lässt sich manchmal beobachten, dass die Tiere in praller Sonne liegen bleiben, bis sie vertrocknen und sterben, was natürlich ziemlich widersinnig ist. Es ist aber anzunehmen, dass die Tiere, nachdem eine bestimmte Grenze der Erwärmung und Belichtung überschritten wurde, nicht mehr in der Lage sind, Schutz zu suchen. Sie scheinen die Sonnenstrahlen wie alle wechselwarmen Tiere durchaus zu mögen, aber „die Dosis macht das Gift“ und daher sollte die Sonneneinstrahlung nur mäßig sein.

Platzangebot

Sind zu viele Blutegel in einem nicht ausreichend großen Gefäß untergebracht, kann es durchaus vorkommen, dass sie sich gegenseitig beißen. Dabei handelt es sich eher um Konkurrenzkämpfe als um Nahrungsbedarf. Darum ist es sehr wichtig, die Blutegel rasch aus der Transportverpackung zu nehmen und auf ausreichend große Hälterungsgefäße zu verteilen. Dies erleichtert zudem die Entnahme einzelner Egel, denn es kann sehr aufregend werden, einen Egel aus dem Glas zu nehmen, während zehn andere versuchen auszubüchsen.

Gebrauchte, also satte Blutegel, dürfen nur mit anderen satten Blutegeln zusammen gehalten werden, damit sie nicht von ihren Artgenossen angefallen werden.

Blutegel sind allerdings lernfähig. Wurden sie mehrfach vom Rand eines Gefäßes zurück ins Wasser gestoßen, geben sie die Fluchtversuche auf. Werden sie neu in ein Gefäß gesetzt, verhalten sie sich eine Weile unruhig und versuchen, nach oben zu flüchten. In dieser Phase ist es besonders wichtig, den Deckel geschlossen zu halten, denn Blutegel sind kreative „Ausbruchskünstler". Durch die Plastizität ihres Körpers ist es ihnen möglich, durch die kleinsten Öffnungen zu entwischen! Nach den anfänglichen Fluchtversuchen werden sie schließlich ruhiger, da sie gelernt haben, dass sie nicht entkommen können. Fluchtmöglichkeiten nehmen sie allerdings in dieser zweiten Phase trotzdem wahr: Ein unvollständig verschlossener Deckel bleibt nicht lange unbemerkt und die Egel gehen auf Wanderschaft. Sie verstecken sich dann sehr zielstrebig an dunklen Orten und vertrocknen bereits nach kurzer Zeit. Da sie wegen des Wasserverlustes sehr zusammenschrumpfen können, ist ein Auffinden meist unmöglich.

Blutegel sind Ausbruchskünstler, daher sollten die Gefäße immer dicht verschlossen werden.

Nach einigen Wochen – in der dritten Phase – haben die Blutegel den „Fluchtgedanken“ fast vollständig aufgegeben. Das Gefäß kann unter Umständen mehrere Tage offen stehen bleiben, ohne dass ein Tier entweicht. Die Erinnerung daran, dass es einen Fluchtweg nach oben gab, ist scheinbar weitgehend gelöscht. Die Blutegel schwimmen nun, ihrer jetzigen Erfahrung entsprechend, minutenlang im Kreis die Gefäßwand entlang, bis doch ein Egel „nachschaut“, ob eine Fluchtmöglichkeit nach oben besteht, worauf die anderen Tiere meistens folgen. Daher ist ein sicheres Verschließen des Gefäßes immer – auch in dieser dritten Phase – unumgänglich.

Wasserqualität und Reinigung

Für die Zwischenhälterung im Egelglas oder Egeltopf eignet sich chlorfreies und kalkarmes Wasser. Dies kann abgekochtes (und natürlich abgekühltes) Leitungswasser, frisches Regenwasser, gefiltertes Leitungswasser oder auch stilles Mineralwasser sein. Auf keinen Fall sollte kohlensäurehaltiges Mineralwasser benutzt werden, denn das mögen die Blutegel überhaupt nicht und sie flüchten sich sofort aus dem Wasser an den Deckel oder den Glasrand. Eine günstige und einfache Möglichkeit ist abgekochtes Leitungswasser oder die Verwendung eines Wasserfilters, der Chlor, Kalk und andere Stoffe aus dem Leitungswasser weitgehend herausfiltert.

Der pH-Wert des Wassers sollte unter 7 liegen. Die Verwendung von stillem Mineralwasser wird dauerhaft recht teuer und Quellwasser kann unter Umständen zu kalkhaltig sein und muss deshalb vor Gebrauch auf seine Zusammensetzung und Mikrobiologie hin untersucht werden.

Eine weitere gute Möglichkeit ist die Verwendung von destilliertem Wasser. Destilliertes Wasser bekommen Sie preisgünstig im Einzelhandel, müssen dann aber Mineralien zugeben. Geben Sie auf einen Liter destilliertes Wasser 1 g Meersalz (Aquarienhandel). Diese Wasserlösung ist dem für Blutegel entwickelten „künstlichen Teichwasser“ ähnlich und einfach herzustellen.

Bei zu geringer Sauerstoffsättigung des Wassers klettern die Ringelwürmer über dessen Oberfläche, meistens bleiben sie mit der unteren Hälfte im Wasser, während die obere Hälfte der Luft zur Hautatmung ausgesetzt ist. Aufgrund dieser Fähigkeit der Blutegel zur Selbsthilfe bei Sauerstoffmangel erübrigt sich das Anbringen einer Sauerstoffpumpe.

Um Sauerstoff aus der Luft über die Haut aufzunehmen, befindet sich die vordere Körperhälfte der Blutegel oft über der Wasseroberfläche, die hintere Körperhälfte darunter.

Der mikrobiologische Status der Blutegel spielt für den medizinischen Einsatz neben der allgemeinen Gesundheit des Tieres eine große Rolle. Für die Ringelwürmer scheint eine höhere Keimzahl im Wasser gesünder zu sein, für die Therapie ist allerdings eine geringere Keimzahl wünschenswert. Für die Blutegel bedeutet eine zu sterile Wasserqualität wachsenden biologischen Stress. Es handelt sich bei den Keimen vorwiegend um das Blutegelbakterium *Aeromonas biovar sobria*, welches von den Egeln ausgeschieden wird und zum Beispiel für die Verdauung unverzichtbar ist.

Werden die Blutegel länger „auf Vorrat" gehalten, genügt ein Wasserwechsel pro Woche. Zur Reduktion der Keimzahl muss das Wasser alle zwei Tage vorsichtig ausgetauscht werden. Drei Tage vor Einsatz der Blutegel am Patienten sollte das Wasser jeden Tag gewechselt und das Gefäß desinfiziert werden. Das Hälterungsgefäß sollte regelmäßig einmal pro Woche mit Desinfektionsmitteln gereinigt werden. Dabei ist unbedingt

Diese beiden Blutegel haben sich vermutlich etwas „überfressen" und einen Teil des aufgenommenen Blutes wieder erbrochen, daher kommt die Rotfärbung des Wassers zustande.

zu beachten, dass Gefäß anschließend mit ausreichend fließendem Wasser auszuspülen, um alle Rückstände des Desinfektionsmittels zu beseitigen. Schon minimale Rückstände können für die Blutegel tödlich sein. Glasgefäße können zur Reinigung auch ausgekocht statt desinfiziert werden. Bei aufziehendem Gewitter scheiden die Egel oft verstärkt alte Stoffwechselprodukte aus, die das Wasser stark verunreinigen. Eine Rotfärbung des Wassers kommt meistens durch erbrochenes Blut zustande, bei einer Grün-Braun-Färbung handelt es sich um die Exkremente der Blutegel. In beiden Fällen ist ein Wasseraustausch erforderlich. Achten Sie bitte darauf, starke Temperaturschwankungen während des Wasserwechsels zu vermeiden.

Fütterung

Werden die Blutegel zur Behandlung eingesetzt, sollen sie bissfreudig und hungrig sein. Das macht eine Fütterung während des Zwischenhälterns bei Ihnen unnötig. Der Importeur oder die Zuchtfarm haben bei der Aufzucht der Blutegel für eine ausreichende Nahrungszufuhr mit frischem Schweineblut aus biologischer Zucht und zum Teil Pferdeblut gesorgt und die Tiere mindestens drei bis acht Monate vor Auslieferung hungern lassen, um eine Bissfreudigkeit gewährleisten zu können. Dies sorgt auch für eine entsprechende Hygiene.

Anwendungsgebiete des Blutegels

Die Möglichkeiten zur Anwendung der Blutegel scheinen auf den ersten Blick nahezu grenzenlos. Dass diese Tiere aber nicht bei jeder Krankheit wahllos einsetzbar sind, zeigten die Folgen des Missbrauchs während der Zeit des „Vampirismus", bei dem einige Patienten starken Nebenwirkungen oder gar dem Tod ausgesetzt waren. Nachdem die Hirudotherapie in Verruf kam und fast vergessen wurde, weiß man sie mittlerweile verantwortungsbewusst und erfolgreich einzusetzen.

Heutzutage wird die Blutegeltherapie in der Humanmedizin beispielsweise zur Behandlung von Gicht, Rheuma, Arthrose und Arthritis, alten Narben, Krampfadern, Furunkeln und Abszessen und sogar zur Abheilung von Amputationswunden und Amputationsstümpfen eingesetzt. Nach mehreren Studien über die Wirksamkeit der Blutegeltherapie bei Rhizarthrose (Daumensattelgelenkarthrose), Tendovaginitis (Sehnenscheidenentzündung) und Kniearthrose werden die Ringelwürmer erfolgreich auch bei diesen Erkrankungen angewandt.

Den Durchbruch in der modernen Medizin erfuhr der Blutegel 1987, als er in der Replantationsmedizin eingesetzt wurde, um ein abgebissenes und wieder angenähtes Ohr eines Kindes zu therapieren, wie schon zuvor beschrieben wurde.

Die Einsatzmöglichkeiten für Blutegel in der Medizin sind äußerst vielseitig.

Indikationen von A bis Z

Die zuvor genannten Einsatzbereiche für die Blutegeltherapie gelten natürlich auch im Veterinärbereich. Allerdings gibt es weitere spezielle Indikationen, die beim Menschen nicht vorkommen. Diese werden im Folgenden auch aufgeführt.

Abszesse

Auch wenn der Blutegel die Hautoberschicht über dem eitrigen Herd eines Abszesses nicht immer durchdringt, schaffen es die Inhaltsstoffe des Blutegelspeichels (Saliva), die Nekroseflüssigkeit schneller abtransportieren zu lassen. So kann gesundes Gewebe rascher nachwachsen.

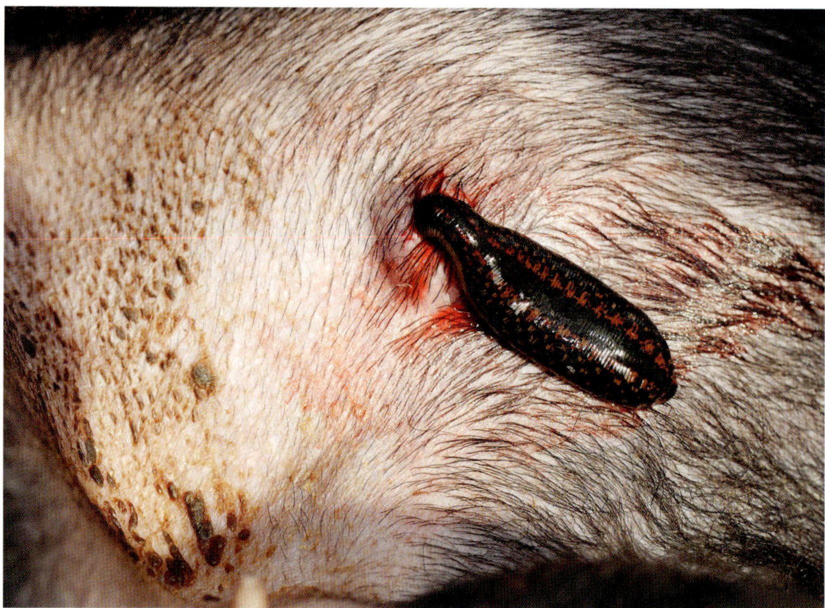

Bei der Behandlung von Abszessen hat sich die Blutegeltherapie gut bewährt.

Arthritis

Da der Blutegel die Qualität der Synovia (Gelenkschmiere) verbessert und zudem entzündungshemmend wirkt, kann eine akute entzündliche Arthroseerkrankung mittels Blutegeltherapie sehr gut behandelt werden. Die Zellen in den unterschiedlichen Geweben eines Gelenkes werden durch die Behandlung wieder besser ernährt und die Beschwerden lassen nach.

Arthrose

Durch die schmerzlindernde Wirkung einer Blutegelbehandlung kann die Arthrose auch im fortgeschrittenen Stadium günstig beeinflusst werden. Da die Schmerzen reduziert werden, kann das betroffene Gelenk physiologischer bewegt werden. Verknöchern die Gelenkpartner bereits, wird dies zwar durch den Blutegel beschleunigt, allerdings ist das dann steifere Gelenk schmerzfrei.

Ataxie

Ataxie ist ein Oberbegriff für verschiedene Störungen der Bewegungskoordination. Dies kann ganz unterschiedliche Ursachen und Ausprägungen haben. Wahrscheinlich wirkt die Blutegelbehandlung bei Ataxien durch die Entzündungshemmung und den verbesserten Zellstoffwechsel positiv.

Bandscheibenvorfall (Diskopathie)

Bestehende Entzündungen und Schwellungen infolge eines Bandscheibenvorfalls heilen durch den Einsatz des Blutegels schneller ab. So können durch den geschaffenen Raum Entspannung und Schmerzlinderung erzielt werden.

Blutohr (Othämatom)

Bei einem Blutohr tritt eine Ansammlung von Blut zwischen der Haut und dem Knorpel der Ohrmuschel auf. Ursache hierfür ist beim Hund meistens heftiges Kopfschütteln aufgrund einer Ohrentzündung. Durch den natürlichen Aderlass und die gerinnungshemmende Wirkung der Saliva des Blutegels kann das Blutohr therapiert werden.

Eitrige Wunden

Blutegel setzen sich besonders gern auf eitrige Wunden, die oberflächlicher als Abszesse sind. Die entzündungshemmende und antibakterielle Wirkung des Blutegelspeichels sorgt für eine rasche Heilung und der angeregte Blutfluss reinigt den Eiterherd.

Ekzeme

Diese Entzündungsreaktion der Haut mit Hautrötung, Bläschenbildung, Nässen, Schuppen und Krustenbildung lässt sich oft mit nur einer einzigen Therapiesitzung mittels Blutegeln erfolgreich behandeln.

Entzündungen

Man unterscheidet akute und chronische Entzündungen. Beide sind mit Blutegeln erfolgreich zu behandeln.

Akute Entzündungen: Die Versorgung mit frischem Blut wird durch den schneller abfließenden venösen Strom gefördert, wodurch Druck und Hitze der akuten Entzündung rasch nachlassen.

Chronische Entzündungen: Die vermehrte Zufuhr frischen Blutes regt die Zellregeneration an, zudem werden der Lymphstrom und der venöse Abfluss angeregt.

Furunkel

Wie alle eitrigen Prozesse sprechen Furunkel auch sehr gut auf die Blutegelbehandlungen an. Die tiefen Kanäle der entzündeten Haarfollikel werden durch die Wirkung des Blutegelspeichels gereinigt und heilen ab.

Gelenkdegeneration

Da bei dieser Erkrankung die Strukturen von Knochen und/oder Gewebe bereits verändert oder „abgenutzt“ sind, kann auch eine Behandlung mit dem medizinischen Blutegel keine Heilung versprechen. Dadurch werden aber die Beweglichkeit des Gelenkes durch die Schmerzlinderung und die gründlichere Versorgung des Stützgewebes verbessert. Allerdings greifen andere Therapieformen wie zum Beispiel die Physiotherapie bei solchen Erkrankungen nachhaltiger.

Gelenkgallen

Als Gelenkgallen werden Flüssigkeitsansammlungen im Gelenk bezeichnet. Sie können ganz unterschiedliche Ursachen haben und sind meistens sehr hartnäckig in der Therapie. Der Blutegel fördert den venösen Abfluss und den Lymphstrom und ist daher bei dieser Krankheitsform eine gute Behandlungsmöglichkeit. Es sollten allerdings mehrere Behandlungen durchgeführt werden, damit sich die Gewebetaschen regenerieren und nicht wieder füllen können.

Gelenkdysplasie

Diese erworbene oder angeborene Fehlstellung in den Gelenken kann durch die Blutegelbehandlung nicht geheilt werden, aber auch hier profitiert das Tier durch die Schmerzlinderung und die Regeneration des Stützgewebes. Wird die Gelenkdysplasie operativ korrigiert, kann der Egel zur schnelleren Genesung eingesetzt werden.

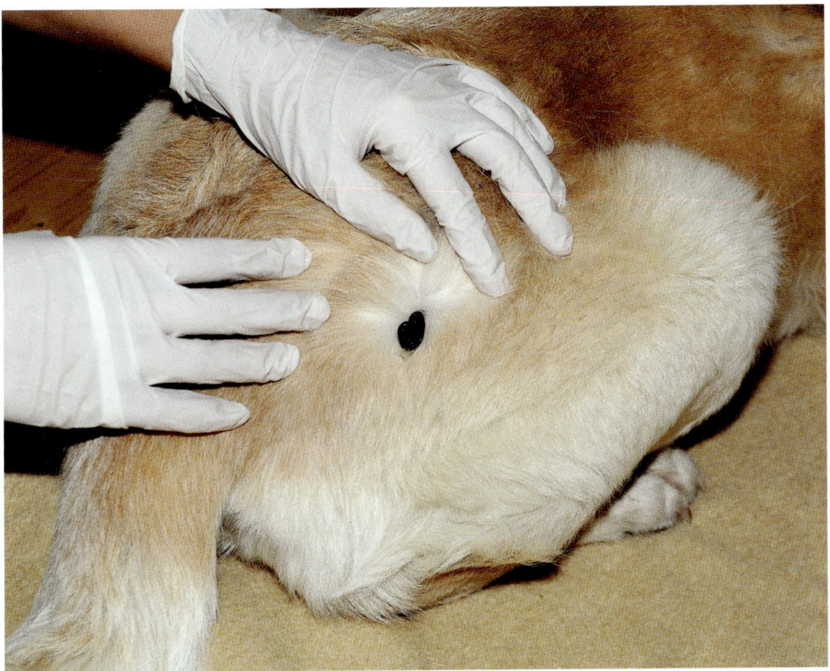

Mit Blutegeln lassen sich bei Gelenkdysplasie die Schmerzen lindern.

Hämatome

Blutergüsse sind prädestiniert für Blutegelbehandlungen. Druckschmerz und Schwellung eines Hämatoms lassen oft schon während des Saugvorganges nach. Das bereits geronnene Blut wird durch den Blutegel herausgezogen und durch die blutgerinnungshemmende Wirkung der Saliva wird der restliche Bluterguss beschleunigt über die Lymphbahnen abtransportiert.

Hautveränderungen

Die Ursache für Hautveränderungen sind häufig Entgiftungsprozesse des Körpers, die über die Haut ausgeleitet werden. Die natürliche Ausleitung durch den Egelbiss beschleunigt die Entgiftung und die Haut heilt schneller ab.

Hufrehe (Laminitis)

Die Entzündung der Huflederhaut beim Pferd kann sowohl im akuten als auch im chronischen Verlauf durch eine Blutegeltherapie positiv beeinflusst werden. Gegebenenfalls muss über einen längeren Zeitraum therapiert werden.

Hufrollenentzündung (Podotrochlose)

Die Hufrolle des Pferdes besteht aus Strahlbein, Beugesehne und Hufrollenschleimbeutel. Bei einer Podotrochlose handelt es sich um eine entzündliche, degenerative Erkrankung dieses Bereiches. Die Nekrose tritt am Strahlbein auf. Bei der Behandlung mit Blutegeln ist das Stadium der Erkrankung nicht unerheblich: Je früher mit der Therapie begonnen wird, umso größer sind die Heilungschancen. Auch bei dieser Erkrankung muss in den meisten Fällen über einen längeren Zeitraum therapiert werden.

Infizierte Insektenstiche

Insektenstiche heilen in der Regel schnell ab. Allerdings können sie auch zu einer Infektion führen und dadurch anschwellen und einen starken Juckreiz auslösen. Der Blutegelbiss wirkt in dem Fall abschwellend, entzündungshemmend und lindert den Juckreiz.

Kreuzbandverletzungen

Da die Blutegeltherapie besonders bei Schwellungen und Entzündungen hilft, eignet sie sich bei allen Sehnen- und Bänderverletzungen wie auch Kreuzbandrissen sehr gut. Durch die verbesserte Beweglichkeit und Schmerzlinderung sollte aber darauf geachtet werden, eine Überanstrengung zu vermeiden. Der vom Arzt oder Therapeuten empfohlene Trainingsplan sollte auf jeden Fall eingehalten werden.

Leckekzem

Es gibt viele verschiedene Ursachen für ein Leckekzem, das schließlich zu kahlen, entzündlichen und geschwürigen Hautveränderungen führt. Wenn Parasiten als Auslöser des Leckekzems ausgeschlossen wurden, helfen Blutegel bei dieser Erkrankung sehr schnell.

Lymphatische Stauungen

Da der Speichel des Egels den Lymphstrom stark anregt, können lymphatische Stauungen sehr gut mittels Blutegel therapiert werden.

Mauke

Die Symptome der Mauke können durch die Blutegeltherapie abgeschwächt werden, jedoch reicht sie nicht zur vollständigen Abheilung der Hauterosionen, die meist bakteriell bedingt sind. Pferde mit starkem Fesselbehang sind besonders häufig von Mauke betroffen, aber auch wunde Haut durch Matschwiesen oder ein schlechter Stoffwechsel können die

Ursache sein. Hier empfiehlt sich eine Entgiftung des Organismus. Die von Mauke betroffenen Stellen müssen täglich gereinigt und gründlich abgetrocknet werden. Um die Haut geschmeidig zu halten, kann eine Lebertranzinksalbe aufgetragen werden. Die Behandlung der Mauke ist zwar zeitaufwendig, wird sie aber nicht behandelt, können sich die betroffenen Stellen ausweiten und monatelang Schmerzen und Juckreiz verursachen.

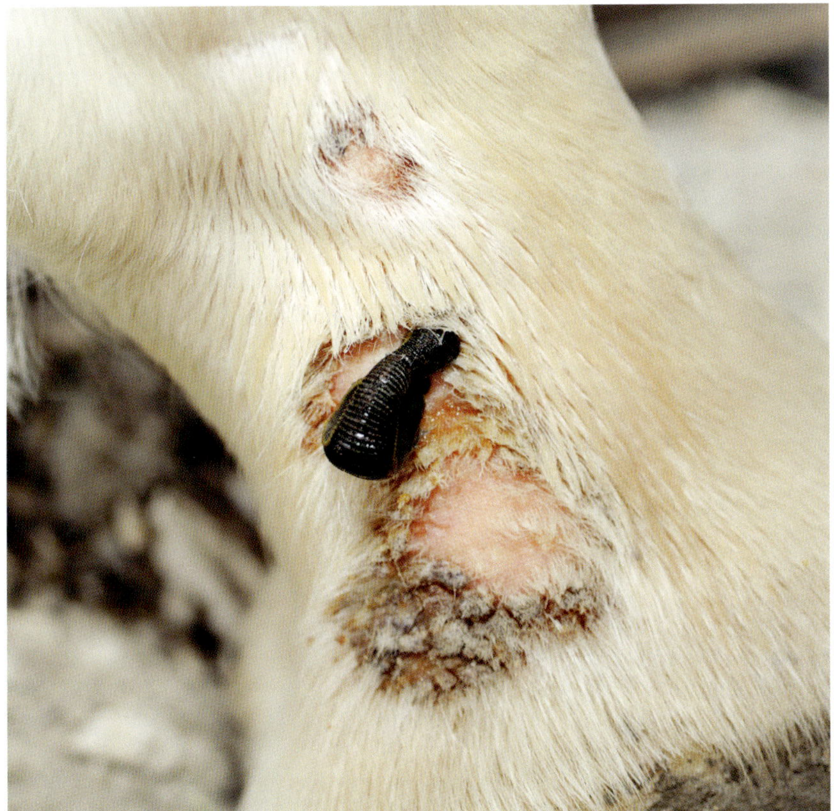

Bei Mauke beschleunigt eine Blutegeltherapie die Abheilung der Hauterosionen.

Muskelatrophie

Muskelatrophie, auch Muskelschwund genannt, wird zum Beispiel nach Verletzungen durch die Nichtbenutzung bestimmter Muskeln verursacht. Es kann aber auch durch Nervenlähmungen oder hormonell bedingt sein. Durch die Mehrdurchblutung des Muskelgewebes bei einem Blutegelbiss wird die Bildung neuer Zellen angeregt. Dies kann unterstützend zu physiotherapeutischen Maßnahmen, die hier erforderlich sind, zum Muskelaufbau beitragen.

Info
Als Myopathien werden alle Arten von Muskelerkrankungen bezeichnet. Sie können unterschiedliche Ursachen haben und sind teilweise auch genetisch bedingt. Myopathien sind grundsätzlich gut mit Blutegeln zu therapieren.

Myogelose

Als Myogelose werden Verhärtungen von Muskelgewebe durch Überanstrengung oder Fehlbelastung bezeichnet. Der durch die Blutegelbehandlung verstärkte Zellstoffwechsel fördert die Regeneration des Muskelgewebes. Der deutlich messbare Sauerstoffmangel im Zentrum einer Myogelose wird durch die vermehrte Durchblutung nach dem Egelbiss positiv begünstigt. Da Myogelosen häufig durch eine Entzündung der Muskulatur hervorgerufen werden, bietet sich die Behandlung mit Blutegeln an.

Narben

Besonders gut lassen sich verhärtete, alte Narben mit Blutegeln behandeln. Die Narben bilden sich dadurch deutlich zurück. Vor allem ist diese Therapie sinnvoll, wenn die Narbe Bewegungseinschränkungen verursacht oder schmerzt. Oft liegen Narben auf einem Meridian oder auf Akupunkturpunkten, wodurch der Energiefluss behindert werden kann. Auch aus diesem Grund ist eine Behandlung mittels Blutegel anzuraten.

Nervenentzündungen

Nervenentzündungen heilen mit der Hirudotherapie unkompliziert und zügig ab. Sogar Nervenverletzungen oder die Durchtrennung des Nervs können mithilfe der Blutegel wieder vollständig ausheilen beziehungsweise die Nerven finden wieder zusammen, weswegen man sie gern in der Transplantationsmedizin einsetzt. Allerdings sollten die Ursachen (zum Beispiel Überanstrengung, Druck durch falsch sitzende Ausrüstung wie Satteldruck beim Pferd oder ein nicht richtig angepasstes Geschirr beim Hund) behoben werden, um Rezidive (Rückfälle) zu vermeiden.

Ödeme

Als Ödem wird eine Schwellung des Gewebes aufgrund von einer Flüssigkeitseinlagerung bezeichnet. Nach Beseitigung der Ursache können Ödeme durch die Blutegeltherapie günstig beeinflusst werden.

Ohrekzeme

Nach der Beseitigung eines eventuellen Parasitenbefalls sprechen Ohrekzeme gut auf die Blutegelbehandlung an. Juckreiz und Schwellung lassen schnell nach. Achten Sie aber bitte darauf, dass die Nachblutung des Egelbisses nicht in das Ohr hineinläuft.

Operationswunden

Operationswunden heilen durch eine Blutegeltherapie schneller wieder ab. Durch den gesteigerten venösen Abfluss kommt es seltener zu Nekrosenbildung. Dies macht man sich bereits bei der Regeneration von Transplantationswunden (in der Humanmedizin) zunutze.

Patellaluxationen

Das vollständige oder teilweise Ausrenken der Kniescheibe wird fast immer ausgelöst oder begleitet durch eine Schwäche der Kniebänder. Diese Schwäche des Bandapparates kann begleitend mit physiotherapeutischen Maßnahmen durch den Einsatz der Blutegel verbessert werden.

Rheuma

Bei der Behandlung mit Blutegeln kommt es zur Linderung der Symptome an einzelnen Gelenken. Die Grunderkrankung kann hierdurch zwar nicht geheilt werden, oft lassen sich aber Therapieblockaden durchbrechen.

Sattel- oder Gurtdruckstellen

Zeigen sich Sattel- oder Gurtdruckstellen am Pferd, ist selbstverständlich als erste Maßnahme die Ursache zu beheben. Ein nicht passender Sattel wird immer wieder Druckstellen verursachen und kann zu bleibenden Schäden der Wirbelsäule und der Rückenmuskulatur führen. Daher ist es zwingend notwendig, für eine passende Ausrüstung des Pferdes zu sorgen. Ist nun die Ursache behoben, kann mit der Behandlung mittels Blutegeln begonnen werden. Die entstandenen Erosionen können mithilfe der Egel schneller beseitigt werden. Es ist darauf zu achten, dass die Narben der Bissstellen einige Zeit Erhebungen verursachen, die durch die Auflage von Sattel oder Geschirr wieder aufgescheuert werden können. Daher ist es ratsam, die vollständige Abheilung der Bissstellen vor dem nächsten Einsatz des Pferdes abzuwarten.

Spondylose

Die Ausheilung der Spondylose (Wirbelsäulenverknöcherung) oder anderer degenerativer Erkrankungen der Wirbelsäule kann mit Blutegeln nicht erzielt werden. Häufig wird die Verknöcherung aber dadurch beschleunigt, was zu einer gewissen Steifheit führt und eine Schmerzlinderung zur Folge hat.

Stumpfheilung

Nach einer Gliedmaßenamputation regeneriert die Wunde durch die Blutegelbehandlung deutlich schneller und offenbar bleiben Phantomschmerzen nach der Therapie aus.

Tendinitis und Tendovaginitis

Sehnen- und Sehnenscheidenentzündungen haben besonders bei Pferden eine sehr langwierige Heilungsphase und beeinträchtigen den Bewegungsablauf erheblich. Durch die entzündungshemmende Wirkung des Blutegels kann hier Abhilfe geschaffen werden.

Venöse Stauungen

Die besondere Wirkung der Saliva auf das Venensystem macht die Blutegelbehandlung unverzichtbar bei der Therapie von venösen Stauungen oder Venenentzündungen.

Wundheilung

Durch die Mehrdurchblutung des Gewebes wird die Zellneubildung angeregt und die Wunden heilen rascher.

Zeckenbisse

Entzündete oder eitrige Zeckenbisse sprechen sehr gut auf die Blutegeltherapie an.

Kontraindikationen

Von einer Blutegelbehandlung sollte man immer dann absehen, wenn ein Blutverlust nicht mehr kontrollierbar ist oder zu Komplikationen führen kann. Raten Sie den Besitzern Ihrer Patienten von einer Blutegelbehandlung ab, wenn einer oder mehrerer der im Folgenden aufgeführten Punkte zutrifft.

Anämie

Bei der sogenannten Blutarmut besteht das Risiko, dass vom Organismus nicht schnell genug neues Blut produziert wird. Daher ist von einer Blutegelbehandlung abzusehen.

Arterielle Verschlusskrankheit (AVK)

Dies ist eine Störung der arteriellen Durchblutung der Gliedmaßen. Meist entsteht sie durch Einengung oder Verschluss der Hauptschlagader (Aorta) oder der die Gliedmaßen versorgenden Arterien. Hierdurch kann der ungehemmte Blutzufluss zum Behandlungsgebiet beeinträchtigt sein und infolge der Blutegelbehandlung Komplikationen auslösen.

Blutgerinnungshemmende Medikamente

Da der Speichel des Blutegels ebenfalls gerinnungshemmende Substanzen enthält, kann es bei gleichzeitiger Einnahme solcher Medikamente zu unkontrollierter Blutung kommen, da die Wirkung drastisch verstärkt wird.

Blutgerinnungsstörungen

Die Hämophilie („Bluterkrankheit") kann zum Beispiel eine sehr starke Blutung auslösen und den Patienten gefährden. Ist diese Erkrankung bekannt, sollten Sie keine Blutegeltherapie anwenden.

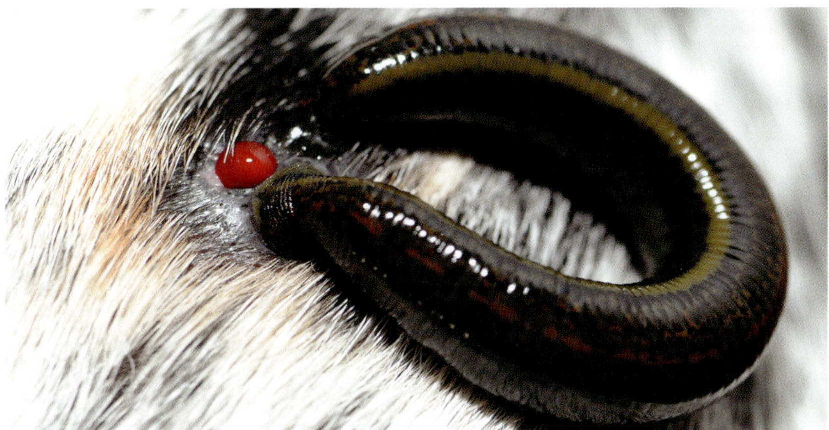

Bei einer Blutegelbehandlung muss vorher abgeklärt werden, ob der Patient eine Blutgerinnungsstörung hat.

Blutverdünnende Medikamente

Die Nachblutung des Egelbisses kann durch Medikamente wie zum Beispiel Marcumar oder Heparin so verstärkt werden, dass der Patient in Lebensgefahr geraten könnte.

Diabetes mellitus

Eine bekannte Begleiterscheinung des Diabetes mellitus sind Störungen der Wundheilung aufgrund von Durchblutungsstörungen. Das bewusste Zufügen von Wunden, wie eben ein Blutegelbiss, sollte daher unterlassen werden.

Fieber

Der Organismus ist durch hohes Fieber geschwächt, daher sieht man von einer Blutegelbehandlung ab. Ebenso können durch Fieber die Blutneubildung und der Lymphabfluss beeinträchtigt sein, wodurch es zu einem

Rückstau kommen kann. Dies kann eine Phlegmone (eitrige Infektionskrankheit der Weichteile) zur Folge haben.

Histaminallergie

Ist eine Allergie gegen Histamin bekannt, sollte keine Behandlung mit Blutegeln durchgeführt werden.

Kachexie

Dieser Fachbegriff umschreibt einen extrem schlechten Ernährungs- oder Allgemeinzustand, von dem auch die Kreislauftätigkeit beeinträchtigt ist. Dieser Zustand muss vor dem Einsatz des Blutegels behoben werden, da der verursachte Blutverlust den Körper so sehr schwächen könnte, dass dieser nicht mehr in der Lage ist, sich zu regenerieren.

Leukämie

Da nicht einzuschätzen ist, wie der geschwächte Organismus auf die Blutegeltherapie reagiert, ist bei einer bösartigen Neubildung des Blutes beziehungsweise des blutbildenden Systems von dieser Therapieform abzusehen.

Magengeschwür

Durch die Durchblutungsanregung können Magen- und Zwölffingerdarmgeschwüre aufbrechen.

Maligne Tumoren

Tiere mit einer bekannten Tumorerkrankung sollten nicht mit Blutegeln behandelt werden. Das Zellwachstum wird durch die Saliva angeregt, was wiederum das Wachstum maligner Tumoren begünstigen kann.

Parasitenabwehr

Häufig reagieren Blutegel abwehrend und beißen nicht, wenn Haut oder Fell des Tieres mit stark duftenden oder insektenabwehrenden Mitteln behandelt wurde. Daher sollten Sie den Tierhalter darauf aufmerksam machen, mindestens ein bis zwei Tage vor der Egelbehandlung am Tier keine Insektensprays, Zeckenhalsbänder, Spot-on-Präparate oder Salben anzuwenden.

Quecksilberhaltige Medikamente

Sie beeinträchtigen unter Umständen die Blutgerinnung und sind daher kontraindiziert.

Schmerzmittel

Einige Schmerzmittel haben eine blutverdünnende Wirkung als Nebeneffekt (zum Beispiel Aspirin, Rimadyl, Equipalazone). Sicherheitshalber sollte man solche Schmerzmittel mindestens drei Tage vor der Blutegelbehandlung absetzen, um kein Blutungsrisiko einzugehen.

Nebenwirkungen

Bei der Behandlung mit Blutegeln sind Nebenwirkungen niemals hundertprozentig auszuschließen, da der Egel nicht nur saugt, sondern auch wirksame Stoffe über den Speichel in die Wunde abgibt. Daher ist vor der Anwendung unbedingt abzuklären, ob eine oder mehrere der genannten Kontraindikationen vorliegen. Ebenfalls können Nebenwirkungen auftreten, wenn eine entsprechende Hygiene nicht eingehalten wird oder der Blutegel vorzeitig vom Patienten abgelöst wurde und sich eventuell in die Bisswunde erbrochen hat.

Blutungen

Kommt es trotz vorheriger Abklärung der Medikation oder Blutungsneigung zu unkontrollierbaren Blutungen, kann es sein, dass der Blutegel eine oberflächlich verlaufende Arterie verletzt hat oder die Blutgerinnung des Patienten doch gestört ist. In diesem Fall muss ein gut sitzender Druckverband angelegt und das Tier eventuell einem Tierarzt vorgestellt werden, falls sich die Blutung dadurch nicht stoppen lässt.

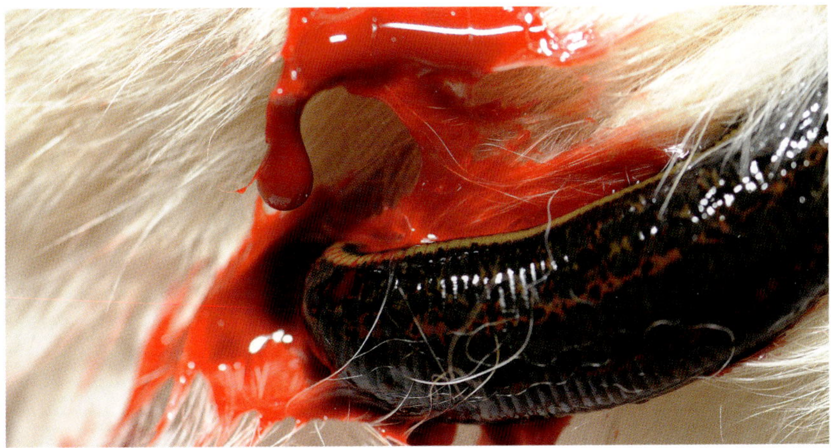

Die Nachblutung kann unterschiedlich stark sein, erfolgt aber erst, wenn der Blutegel losgelassen hat. Dieses Blut stammt von der Bissstelle des zweiten Blutegels, der seine Mahlzeit schon beendet hat.

Info

Das Bakterium *Aeromonas hydrophila* kann sowohl in Süß- als auch in Brackwasser auftreten. Dieses Bakterium kann eventuell bei Fischen, Amphibien, Säugetieren und auch Menschen entweder durch orale Aufnahme einer ausreichenden Anzahl an Mikroorganismen oder durch Wundkontakt Erkrankungen verursachen. Bei gesunden Lebewesen kann diese Bakterienart Magen-Darm-Entzündungen, bei bereits erkrankten und schwachen Lebewesen mit schwachem Immunsystem eine Blutvergiftung hervorrufen.

Wundinfektion

Durch das Bakterium *Aeromonas hydrophila*, das in Gewässern vorkommt und somit auch gelegentlich in Blutegeln zu finden ist, kann es zu einer Verunreinigung der Wunde kommen, welche sich mit Juckreiz und Schwellung äußert. Eine Infektion der Bisswunde durch dieses Bakterium passiert aber in der Regel nur, wenn der Blutegel gewaltsam beim Saugakt gestört wird und sich in die Wunde erbricht. Die Behandlung der Wundinfektion erfolgt durch den Tierarzt mittels Antibiotikagabe.

Sekundärinfektion

Eine Sekundärinfektion tritt häufig nur auf, wenn die entstandene Blutkruste der Bisswunde mechanisch durch das Tier oder den Besitzer entfernt wurde und so Bakterien oder Keime in die Wunde gelangen können. Daher muss der Tierhalter darüber aufgeklärt werden, dass ein Kratzen, Beißen oder Aufscheuern an der Wunde durch das Tier zu verhindern ist. Die Behandlung erfolgt in leichten Fällen durch eine homöopathische oder antiphlogistische (entzündungshemmende) Salbe, in schwereren Fällen durch eine vom Tierarzt verordnete Antibiotikagabe.

Ein Verband der Bissstelle ist für die Wundheilung nicht erforderlich, kann aber vor einer Sekundärinfektion schützen.

Allergische Reaktionen

Allergien können sich mit lokalem Juckreiz und einer leichten Schwellung in unmittelbarer Umgebung der Bisswunde äußern. Dies kann mit einer juckreizstillenden Salbe oder Teebaumöl behandelt werden. Bei stärkeren allergischen Reaktionen sollte eine Vorstellung beim Tierarzt erfolgen. Lokaler Juckreiz muss aber nicht immer eine allergische Reaktion sein, sondern stellt eher eine Nachwirkung des .Blutegelbisses dar.

Die praktische Anwendung des Blutegels

Bevor es zu der praktischen Anwendung kommt und der Blutegel angesetzt werden kann, müssen zuvor noch einige Formalitäten, ein Informationsgespräch mit dem Tierhalter und Voruntersuchungen am Patienten durchgeführt werden. Auf diese Weise ist ein sachgemäßer und reibungsloser Ablauf der Blutegeltherapie möglich.

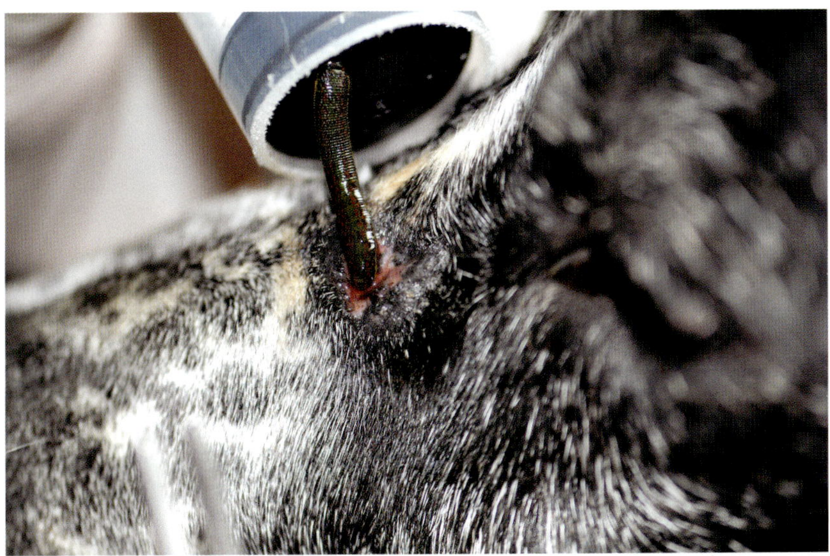

Vor der Behandlung muss der Besitzer gründlich informiert und aufgeklärt werden.

Anamneseerhebung des Tieres und Aufklärung des Patientenbesitzers

Um alle Kontraindikationen sicher ausschließen zu können, muss der Besitzer des Tieres ausführlich über das Tier befragt werden. Der Therapeut sollte den Tierbesitzer umfassend über mögliche Nebenwirkungen und Risiken bezüglich etwaiger Vorerkrankungen und die Kontraindikationen aufklären. Stimmt der Patientenbesitzer der Blutegelbehandlung nach solch einer ausführlichen Beratung zu, sollte sich der Blutegeltherapeut dies mittels einer unterschriebenen Einverständniserklärung vom Tierbesitzer bestätigen lassen (ein Beispiel für solch ein Formular finden Sie im Anhang).

Zusätzlich muss der Besitzer des Tieres vor der Behandlung wissen, wie lange vor der Therapiesitzung keine Chemikalien oder stärkeren

Geruchsstoffe auf die Haut oder das Fell aufgetragen werden dürfen. Das erfolgreiche Anbeißen des Egels wird besonders durch die Anwendung von Floh- und Zeckenmitteln verhindert. Wurde der Besitzer darüber nicht informiert, muss der Termin verschoben werden, bis das Fell gereinigt oder der Duft der eingesetzten Mittel verflogen ist. Dies kann einige Zeit dauern, in der sich möglicherweise die Indikationsstellung verändert.

Außerdem ist der Tierhalter über die mögliche Dauer der Behandlung (die immerhin bis zu zwei Stunden gehen kann), etwaige Reaktionen seines Tieres und die Dauer und Stärke der eintretenden Nachblutung zu informieren. Es ist wichtig, die Tierbesitzer auf die Nachblutung vorzubereiten, um Unsicherheiten und Ängste im Vorfeld abzubauen.

Pro Saugakt eines Egels können bis zu 16 ml Blut gesaugt werden, während der Nachblutung können nochmals bis zu 50 ml Blut abfließen. Das sieht für den unerfahrenen Tierhalter blutiger aus, als es tatsächlich ist, besonders wenn mehrere Egel nebeneinander gesessen haben.

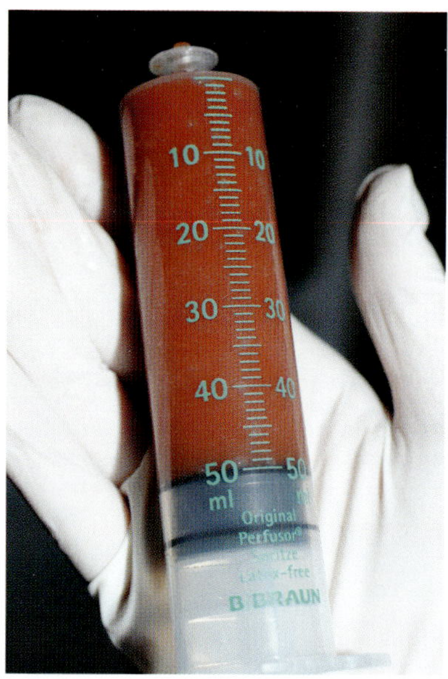

Bis zu 50 ml Blut können bei der Nachblutung abfließen – das ist eine ganz schön große Menge.

Die Nachblutung eines Egelbisses kann beim Tier bis zu 36 Stunden andauern. Dies kommt zwar äußerst selten vor, da sich die Bissstellen meist schneller schließen, jedoch sollten alle Personen, die das Tier anschließend betreuen, darauf vorbereitet sein.

Die voraussichtliche Ansatzstelle der Blutegel sollte vor Beginn der Behandlung mit dem Tierbesitzer besprochen werden, ebenso die Frage, wie viele Blutegel auf einmal angesetzt werden. Diese ausführliche Beratung ist gerade in der Therapie von Tieren wichtig, da sicherzustellen ist, dass sie in der Zeit des Nachblutens beaufsichtigt werden. Zudem beugen Sie somit Missverständnissen zwischen Blutegeltherapeut und Tierbesitzer vor und schaffen Vertrauen für die anstehende Therapiesitzung.

Welche Tiere können behandelt werden?

Grundsätzlich gibt es keine Einschränkungen dafür, welche Tiere mit Blutegeln behandelt werden dürfen und welche nicht. Da die natürlichen

Wirtstiere der Blutegel aber Säugetiere sind, wird auch bei der Blutegeltherapie nur die Anwendung bei Säugetieren in Betracht gezogen.

Wenn keiner der oben aufgeführten Kontraindikationen vorliegt, spricht nichts gegen eine Blutegeltherapie. Allerdings muss natürlich die Größe des Tieres berücksichtigt werden, wenn man bedenkt, wie viel Blut ein Egel bei einer Sitzung saugt und wie viel Blut anschließend noch durch das Nachbluten abfließen kann. Daher darf bei kleinen Tieren wie zum Beispiel Hamster, Meerschweinchen oder Zwergkaninchen auf keinen Fall eine Blutegeltherapie angewendet werden, da der Blutverlust im Verhältnis zu Körpergröße und Gesamtblutmenge der einzelnen Tiere viel zu groß wäre.

> **!**
> Als Faustformel kann man sagen, dass ein Tier mindestens 4 bis 5 Kilogramm Körpergewicht – besser noch etwas mehr – haben sollte, wenn eine Blutegelbehandlung in Erwägung gezogen wird.

Bei sehr zierlichen Katzen sollte eine Blutegeltherapie nicht unbedingt angewendet werden.

Ebenso sollte auch berücksichtigt werden, ob das zu behandelnde Tier sich vom Therapeuten halten lässt und ihm genug Ruhe vermittelt werden kann, damit es die Therapiesitzung gelassen und ohne Stress über sich ergehen lässt. Hier könnten zum Beispiel Katzen oder Kaninchen zu den Patienten gehören, die man nicht davon überzeugen kann, für die Dauer der Behandlung still zu sitzen. Und ein Tier nur unter körperlicher Gewalt zum Stillhalten zu bringen, ist nicht im Sinne der Therapie und bewirkt auch nur unnötigen Stress beim Patienten, was wiederum nicht gesundheitsfördernd ist.

Deshalb sollten Sie zuvor mit dem Tierbesitzer auch immer abklären, ob der potenzielle Patient von seinem Verhalten her für so eine Sitzung geeignet ist.

Vorbereitende Untersuchung des Tieres

Vor Behandlungsbeginn wird das Tier noch einmal gründlich untersucht. Als Erstes sollten Sie als Therapeut abklären, ob die ursprünglich gestellte Indikation überhaupt noch vorliegt oder ob sich am Krankheitsbild des Tieres etwas verändert hat, das für die geplante Sitzung berücksichtigt werden muss.

Wichtig ist ebenfalls, die Vitalwerte des Patienten zu überprüfen. Die in der Tabelle auf Seite 59 aufgeführten Werte sind Ruhewerte. Sie können je nach Alter, Rasse und individueller Konstitution abweichen. Deshalb ist es ratsam, bei der Erstuntersuchung die Vitalwerte des Tieres zu messen. So hat man am Tag der Blutegelbehandlung Vergleichswerte zur Verfügung. Sind Atmung und Temperatur erhöht, könnte das Tier Fieber haben. Dann sollte der Termin verschoben werden.

Esel sind wie Pferde ideal für eine Blutegeltherapie geeignet.

Vor dem Ansetzen der Blutegel müssen Sie die beste Ansatzstelle bestimmen. Es kann vorkommen, dass sich je nach Leistungsanforderungen des Tieres, Zeitabstand oder traumatischen Erlebnissen zwischen der Erstuntersuchung und dem Behandlungstermin Muskelverspannungen oder andere Symptome verändern. Oft erweist sich dann ein anderer Ansatzpunkt als geeigneter für die Behandlung.

Empfehlen Sie eine kurze Bewegungsphase vor der Behandlung bei den Patienten, die keine starken Schmerzen haben. Das fördert die Durchblutung der Muskulatur und die Blutegel beißen dann besser. Zusätzlich baut es Spannung ab. Die Tiere halten während der Behandlung länger still, wenn sie vorher bewegt wurden. Hat das Tier so große Schmerzen, dass keine Bewegung möglich ist, massieren Sie die Ansatzstelle vorsichtig. Dies steigert ebenfalls die lokale Durchblutung.

Auch Ziegen gehören zu den Tieren, die mit einer Blutegeltherapie gut behandelt werden können.

Normale Vitalwerte verschiedener Tiere

	Ruhepuls	Ruheatmung	Körpertemperatur
Hund	80 bis 120/min.	15 bis 40/min.	37,8 bis 39,2 °C (erwachsener Hund) 37,5 bis 39,5 °C (Welpe)
Pferd	27 bis 44/min.	8 bis 16/min.	37,2 bis 38 °C (erwachsenes Pferd) 37,5 bis 38,5 °C (Fohlen)
Esel	40/min.	15 bis 25/min.	37 bis 38,5 °C (erwachsener Esel)
Ziege	70 bis 90/min.	15 bis 25/min.	38 bis 39,5 °C (erwachsene Ziege)
Schaf	70 bis 90/min.	15 bis 25/min.	38,2 bis 39,5 °C (erwachsenes Schaf)

Vorbereitung und Auswahl der Blutegel

Die Blutegel sollten nach der Anlieferung bei Ihnen zu Hause nochmals zwei bis drei Tage zwischengehältert werden. So können sie sich von dem Transportstress erholen und sich erneut häuten.

Für den Transport zum Patienten entnehmen Sie die benötigten Blutegel aus dem Hälterungsgefäß und geben sie in ein sauberes, fest verschließbares Glas. Dieses sollte mit frischem Wasser (wie bei der Hälterung der Egel beschrieben) gefüllt sein. Für den Einsatz im Pferdestall eignen sich Kunststoffbehälter sehr gut. Die Bruchgefahr eines Glasgefäßes lässt sich so umgehen.

Denken Sie daran, immer mehrere Egel als Reserve zu einem Behandlungstermin mitzunehmen! Es kommt immer mal wieder vor, dass ein Blutegel nicht beißen will. Auf diesen Fall sollten Sie dann vorbereitet sein. Zudem kann sich die Symptomatik des Patienten verändern, was es unter Umständen erforderlich macht, mehrere Egel anzusetzen.

Sobald der Blutegel aus dem Wasser geholt wurde, sollten Sie darauf achten, dass er feucht gehalten werden muss. Unter keinen Umständen darf er austrocknen!

Die Auswahl der Blutegelgröße

Medizinische Blutegel sind in verschiedenen Größen erhältlich. Die Größe des Egels ist vom Lebensalter und nicht vom Fütterungszustand abhängig. Erst ab einem Körpergewicht von 1 bis 2 g macht das Ansetzen einen therapeutischen Sinn. Der Blutegel ist dann ausreichend entwickelt.

Zuchtegel wiegen bei der Auslieferung meistens um die 2 g, Importegel aus dem Ausland können bis zu 5 g wiegen.

Sie können mit jeder Blutegelgröße den gewünschten therapeutischen Effekt erzielen, aber grundsätzlich gilt:

Je größer der Blutegel, umso länger dauern der Saugakt und die Nachblutung!

Daher empfiehlt es sich, bei unruhigen, sensiblen Tieren und ängstlichen, voreingenommenen Besitzern am ersten Behandlungstermin kleine Blutegel anzusetzen. Ein kleiner Egel sieht weniger „bedrohlich" aus, wird durch das geringe Körpergewicht vom Tier kaum wahrgenommen und es fließt weniger Blut bei der Nachblutung.

Da die Natur aber unberechenbar ist, kann auch das Gegenteil eintreten und der kleine Egel sitzt zwei Stunden am Tier und verursacht eine zehnstündige Nachblutung! Der beste Schutz vor erschreckten Tierhaltern ist daher immer die sorgfältige Aufklärung vor der Behandlung.

In meiner Therapie orientiere ich mich bei der Auswahl der Blutegelgröße an der zu behandelnden Stelle des Tieres und an der Größe des Patienten.

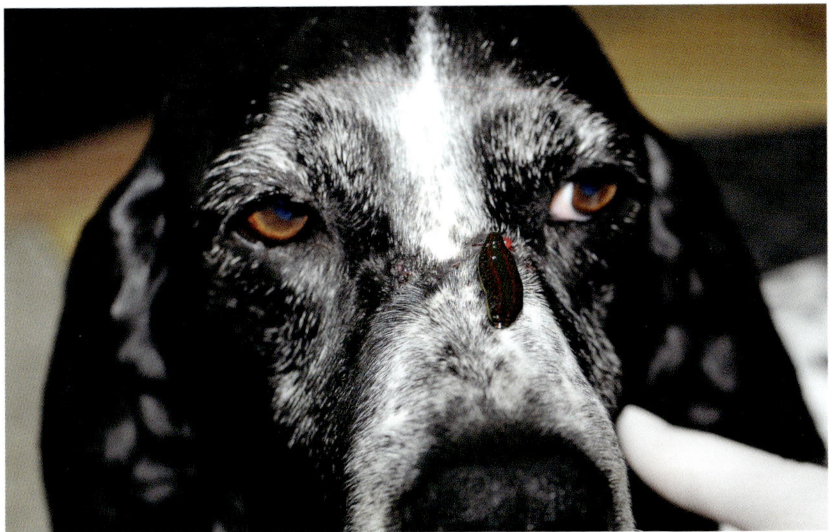

Für die Verwendung im Gesicht empfiehlt sich eher ein kleinerer Blutegel.

Im Gesicht, an Zehengelenken oder für kleine Hautekzeme wende ich zum Beispiel kleinere Blutegel an. Für Pferde oder andere große Tiere empfehle ich den Einsatz von großen Egeln. Sie beißen sich leichter durch die dickere Muskulatur und die Lokalität ist bei diesen Tieren meistens größer. Zur Behandlung von großen Gelenken, wie zum Beispiel dem Hüftgelenk des Hundes (oder Pferdes), hat sich ebenfalls die Verwendung von (mehreren) großen Blutegeln bewährt.

Bei kleinen Patienten wie etwa Kleinpudel, kleine Terrier und so weiter sollten Sie kleine Blutegel verwenden, damit nicht so viel Blut während der Nachblutungszeit verloren geht.

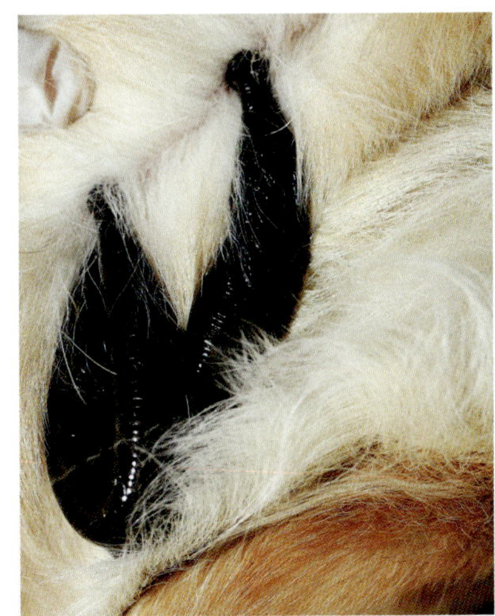

Zur Behandlung von größeren Gelenken sollten mehrere größere Egel gleichzeitig angesetzt werden.

Die Eigenschaften von kleinen und großen Blutegeln im direkten Vergleich

Große Blutegel	Kleine Blutegel
sind eher träge	sind flinker und beißfreudiger
saugen eher langsam	saugen schnell
sitzen länger am Tier	lassen sich schneller fallen
eignen sich für große Tiere	eignen sich für kleine Tiere
beißen durch dickere Haut	können zu mehreren gleichzeitig angesetzt werden
bilden größere Narben	sorgen für eine bessere Verteilung der Saliva
sorgen für eine längere Nachblutung	sorgen für eine kürzere Nachblutung

Material für die Behandlung

Für die Blutegelbehandlung benötigt man folgende Utensilien:

- Große Kompressen, Verbandsmaterial
- Klebestreifen, Fixierpflaster
- Einmalhandschuhe
- Sterile Kanüle
- Einwegspritze mit abgeschnittenem Konus
- Lange Pinzette mit stumpfer Spitze
- Lauwarmes Wasser
- Haushaltstücher oder Frotteetuch
- Eventuell Hot Packs oder Cold Packs
- Gefäß mit Blutegeln in ausreichender Anzahl
- Gefäß mit Wasser gefüllt für den Egel nach der Behandlung
- Styroporbox als Transportbehälter (Temperaturstabil)

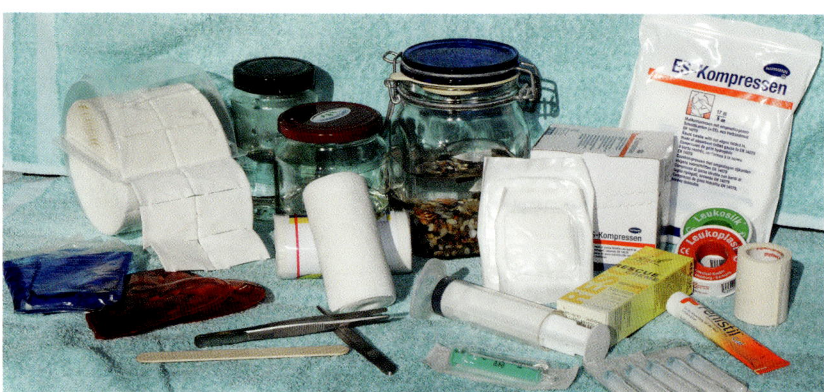

 Die für die Blutegelbehandlung benötigten Utensilien.

Vorbereitung des Behandlungsgebietes

Eine Desinfektion der Ansatzstelle ist nicht nötig und auch nicht erwünscht. Die Blutegel hassen Alkohol oder Desinfektionsmittel und wird dies missachtet, verweigern sie den Biss. Da der Speichel über entzündungshemmende Substanzen verfügt, erübrigt sich die Wunddesinfektion von selbst.

Die grundsätzliche Rasur der Ansatzstelle wird oft empfohlen, um eine Verunreinigung der Bissstelle zu verhindern. Jedoch ist nach meiner Erfahrung ein Rasieren der Haare selbst bei sehr dichtem Fell nicht nötig. Es gehört zum natürlichen Verhalten der Blutegel, nach einer geeigneten Bissstelle im Fell zu suchen, denn das Wirtstier in freier Natur kommt schließlich nicht rasiert zum Trinken ans Wasser.

Meist verweigert der Blutegel auch den Biss auf rasierter Haut, denn die Haarstoppeln sind scharfkantig und für seinen Kiefer unangenehm. Zudem mögen viele Tierhalter keine Rasur ihres Tieres, weil diese Löcher im Fell hinterlässt, wodurch das Tier „so krank aussieht".

Alles, was Sie vor dem Ansetzen des Egels tun sollten, ist, die Stelle lokal mit etwas lauwarmem Wasser anzufeuchten und leicht abzurubbeln oder zu massieren, um die Hautdurchblutung zu fördern.

Warnung!
Niemals dürfen Blutegel aus der freien Natur für die Therapie eingefangen werden! Dies birgt zu hohe Risiken. Frei lebende Blutegel müssen an verschiedenen Wirtstieren saugen, um überleben zu können. Dadurch können Krankheiten übertragen werden. Viele Blutegel-Arten ähneln dem medizinischen Blutegel, können aber nicht genug Blut saugen und besitzen keine wertvollen Sekrete in der Saliva. Somit ist der Einsatz dieser Egel zwecklos und birgt ein Infektionsrisiko der Bisswunde. Da der Blutegel im mitteleuropäischen Raum nach wie vor vom Aussterben bedroht ist, ist sein Einfangen ohnehin streng verboten und man würde den Bestand durch Wildfänge außerdem unnötig reduzieren.

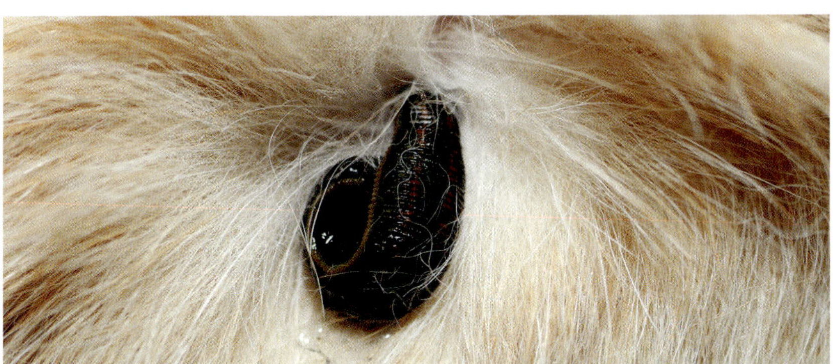

Das Rasieren der zu behandelnden Stelle ist weder notwendig noch zu empfehlen. Vor und während des Saugaktes sollte sie aber immer gut angefeuchtet werden.

Richtige Positionierung des Patienten

Da der Saugakt des Blutegels bis zu zwei Stunden dauern kann, ist es sehr wichtig, dass der Patient eine bequeme Position einnimmt. Somit sollte man das Tier vor Beginn der Behandlung ausreichend bewegt haben, um es für die Dauer der Behandlung ruhig halten zu können.

Hunde sollten sich vor dem Ansetzen des Egels lösen. Während der Blutegel anbeißt, kann der Hund stehen, sitzen oder liegen. Ist der Hund unsicher und steht zu Beginn der Behandlung, wird er sich nach einer Weile von selbst hinsetzen oder hinlegen. Es ist für Hunde zu anstrengend, dauerhaft stehen zu bleiben.

Manchmal ist es auch sinnvoll, wenn der Tierhalter den Patienten beruhigt und in der passenden Position fixiert. Der Therapeut sollte sich direkt vor der Ansatzstelle des Blutegels befinden.

Legt oder setzt sich Ihr Patient schließlich hin, ist unbedingt darauf zu achten, dass der Blutegel nicht gequetscht wird, er könnte sich sonst erbrechen oder fallen lassen. Ebenfalls sollten Sie es verhindern, dass der Hund versucht, den Blutegel abzustreifen, oder an der Ansatzstelle kratzt oder beißt, während der Egel trinkt. Daher sollte der Hund ein Halsband tragen, damit er gegebenenfalls festgehalten werden kann.

Es empfiehlt sich, den Tierhalter am Kopf des Hundes zu positionieren, damit dieser notfalls eingreifen kann. Sie selbst bleiben in der Nähe der Ansatzstelle, um den Blutegel nach dem Saugakt aufzufangen.

Es ist auch möglich, den Hund an der Leine im Schritt laufen zu lassen. Vorsichtige Bewegungen schaden der Therapie nicht, solange die Behandlung ruhig und kontrolliert vollzogen werden kann.

Pferde, Esel, Schafe und Ziegen werden für die Therapiesitzung entweder vom Besitzer locker an Halfter und Strick gehalten oder an einem vertrauten, ruhigen Platz unter Aufsicht am langen Strick angebunden. Auch bei diesen Tieren ist eine gemäßigte Bewegungsfreiheit oder ruhiges Umherführen im Schritt möglich. Es muss nur ebenso darauf geachtet werden, dass der Blutegel nicht gestört oder abgestreift wird. Bewegen sich die Wirtstiere zu schnell oder ruckartig, lassen sich die Blutegel oft fallen. Eine Zwangshaltung ist aber nicht notwendig und verunsichert den Patienten eher.

Das Anlegen des Blutegels an den Patienten

Bevor Sie den Blutegel aus dem Transportgefäß entnehmen, sollten Sie sich Einweghandschuhe anziehen. Hungrige Egel beißen sich schnell während der Entnahme aus dem Glas an der Hand des Therapeuten fest. Zusätzlich dienen die Handschuhe zu Ihrem eigenen Schutz vor dem Blut des Patienten und einer möglichen Infektion.

Für die einfache Entnahme aus dem Glas verwende ich eine stumpfe, abgerundete lange Pinzette. Mit dieser greife ich den Blutegel vorsichtig (!), ohne ihn zu verletzen, und hole ihn aus seinem Gefäß. Das Herausnehmen eines Blutegels gestaltet sich sehr viel einfacher, wenn sich nur ein einzelner Egel im Gefäß befindet. Sind mehrere Egel gleichzeitig in einem Glas, kann die Entnahme sehr hektisch und unkontrolliert werden. Stellen Sie sich vor, Sie versuchen, einen Blutegel aus dem Gefäß zu entnehmen, während drei andere Fluchtversuche starten und vielleicht im Schraubverschluss eingeklemmt werden!

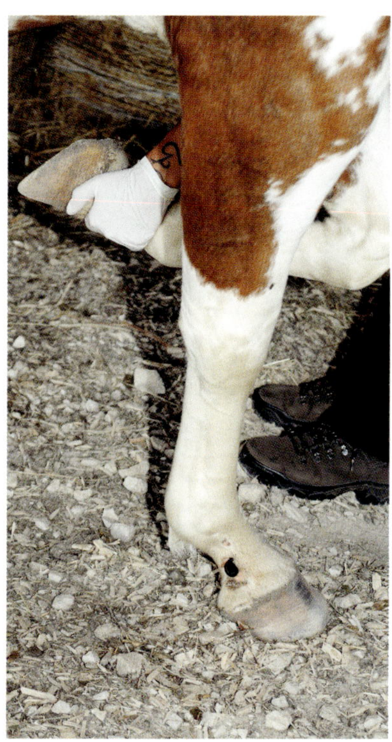

Damit das Pferd keine ruckartige Bewegung macht und der Blutegel dadurch eventuell abfällt, lässt sich eine Bewegung durch Anheben des anderen Beins ganz einfach verhindern.

Blutegel können sich sehr schnell fortbewegen und werden bei Bewegung der Wasseroberfläche sehr aktiv.

Machen Sie es sich daher leichter, indem Sie bereits zu Hause die Blutegel einzeln in ein Transportgefäß umsetzen. Sollten Ihnen dabei Egel ausbüchsen, sieht Ihnen kein verunsicherter Tierbesitzer über die Schulter.

> **!** **Tipp**
> Es empfiehlt sich, bei kalten Temperaturen im Pferdestall den Blutegel mithilfe einer Bandage, die durch ein Hot Pack erwärmt wird (siehe Seite 69), anzulegen, damit er während des Saugvorgangs nicht auskühlt.

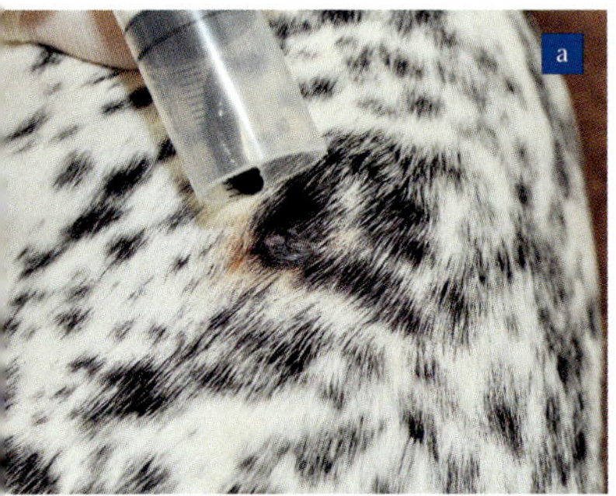

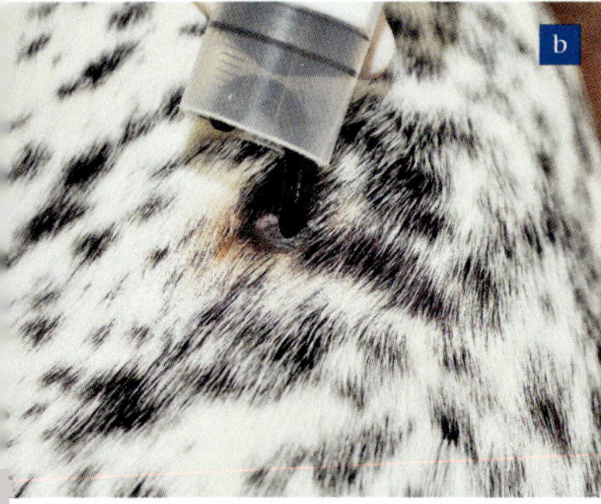

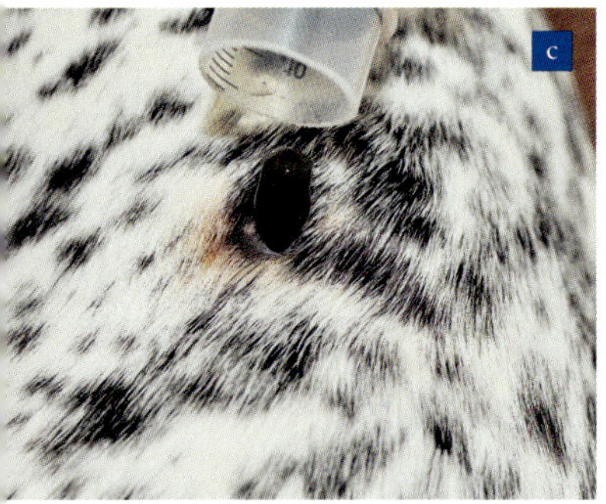

So erfolgt die Positionierung des Blutegels mithilfe einer Spritze. Der Blutegel wird in die Nähe der gewünschten Stelle gebracht (a). Durch den Geruch angelockt, beißt er zu (b) und setzt dann seinen hinteren Saugnapf ein, um sich festzuhalten (c).

Die direkte Positionierung des Egels

Nun möchten Sie den Blutegel lokal an die Ansatzstelle positionieren. Dies gelingt Ihnen am leichtesten, wenn Sie den Blutegel in eine bereits vorbereitete Einmalspritze setzen. Deren Konus sollte vorher mit einem scharfen Messer abgeschnitten worden sein. Ziehen Sie den Kolben der Spritze hoch und setzen Sie den Blutegel in die Spritze hinein. Dies können Sie, wie erwähnt, mit einer stumpfen Pinzette oder mit der behandschuhten Hand, je nachdem, wie es Ihnen leichter fällt. Ist Ihnen dies gelungen, setzen Sie die offene Seite der Spritze auf die gewünschte Ansatzstelle an Ihrem Patienten. Ist der Blutegel aktiv und hungrig, wird er sich recht schnell in Richtung Haut bewegen.

Haben Sie aber ein beißfaules Exemplar erwischt, drücken Sie langsam den Kolben der Spritze hinunter und „schieben“ so den Ringelwurm zur Haut. Dabei sollte etwas Luft zwischen Haut und Spritze kommen können, damit der Blutegel keinem allzu hohen Druck ausgesetzt wird. Je näher der Egel der Haut kommt, umso mehr wird er von Wärme und Hautgeruch zur Nahrungsquelle angelockt. Auch Schweiß und pulsierende Bewegungen, die auf die Nähe einer Arterie schließen lassen, reizen ihn zum Biss. Zum Anbeißen des Egels benötigt es zudem möglichst eine Temperatur zwischen 35 und 40 °C, also etwa die Körpertemperatur von Säugetieren.

Sind schon mehr als zwei bis drei Minuten verstrichen und hat der Blutegel immer noch nicht angebissen, tausche ich ihn gegen einen anderen aus. Dies mache ich so lange, bis ich notfalls alle „Reserveegel“ durchprobiert habe. Sollte dann immer noch keiner gebissen haben, steche ich die Haut des Patienten leicht mit einer sterilen Spritzenkanüle an. Meistens reicht ein Tropfen Kapillarblut aus, um den ruhigsten Egel zum Biss zu veranlassen. Dem Blutgeruch können sie nicht widerstehen. Den kurzen Stich tolerieren die meisten Tiere sehr gut.

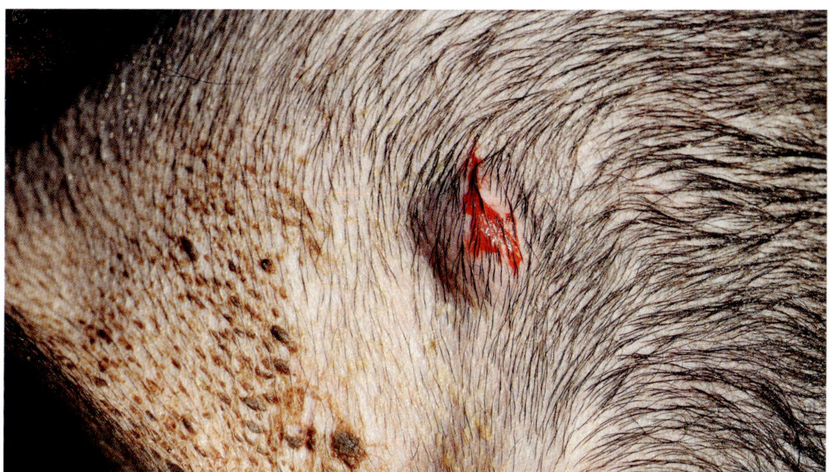

Manchmal empfiehlt sich ein ganz feines Anstechen der Haut, um den Blutegel mit einem Tropfen Blut zum Beißen zu veranlassen.

Die instinktive Suche des Blutegels

Eine andere Variante ist es, den Blutegel seine gewünschte Bissstelle selbst suchen zu lassen. Setzen Sie ihn dazu an die Behandlungsstelle und lassen Sie ihn frei auf dem Patienten herumkriechen. Der Blutegel wird instinktiv die richtige Bissstelle finden, auch wenn Sie vom Behandlungsgebiet etwas entfernt ist. Vertrauen Sie ihm dabei. Sie müssen lediglich darauf achten, dass er nicht vom Patienten hinunterkriecht, weil er nicht hungrig ist, oder durch das Tier selbst entfernt wird.

Bei der instinktiven Selbstsuche findet ein Blutegel die meist besser durchbluteten Bereiche. Die therapeutische Wirkung ist ebenso groß wie bei der lokalen Ansatzmethode. Die Inhaltsstoffe der Saliva dringen über den Blutkreislauf bis in das erkrankte Gebiet vor. Bei der Folgebehandlung beißt der Egel dann bereits näher am Erkrankungsort, denn die Durchblutung hat sich nach der ersten Behandlung schon verbessert.

Wichtig!
Als Therapeut sollten Sie immer individuell vor der Behandlung entscheiden, was die praktikabelste Methode für Sie und den Patienten ist.

Egelpflaster oder Egelbandage

Eine weitere Möglichkeit ist es, die Blutegel mit einer speziellen Verbandstechnik anzusetzen. Hierzu umkleben Sie eine Kompresse in entsprechender Größe rundherum mit Klebeband (breites Leukoplast). Dieses „Pflaster“ legen Sie auf die zu behandelnde Stelle und drücken drei Seiten fest

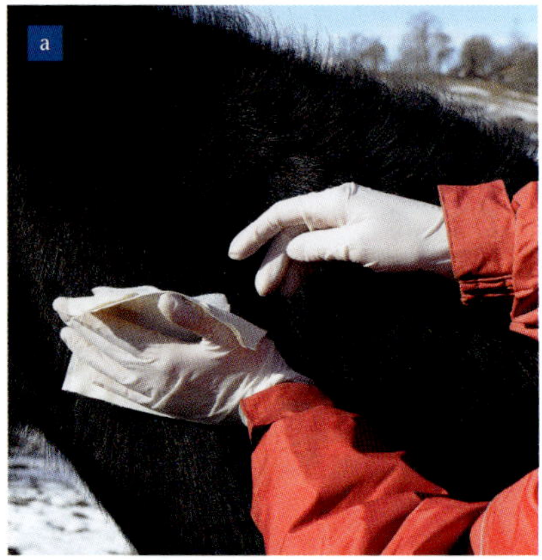

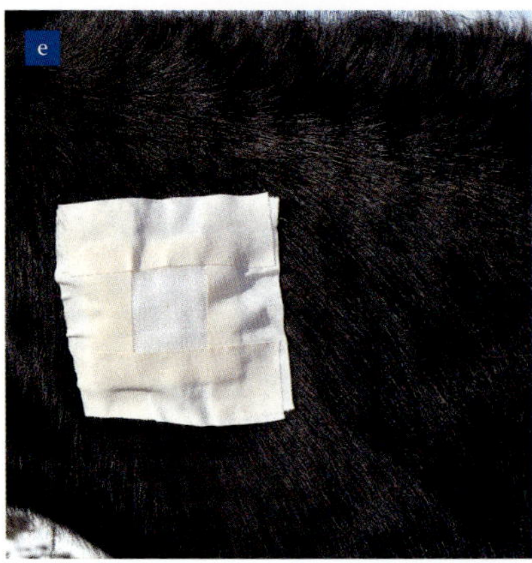

Das Anlegen eines Egelpflasters beim Pferd.

an, die obere Seite wird noch nicht angeklebt. Nun geben Sie in diese so entstandene Tasche den/die Blutegel hinein. Durch die obere Öffnung können Sie auf diese Weise beobachten, ob der Blutegel beißfreudig ist oder nicht und ihn bei Bedarf durch einen anderen ersetzen. Hat der Blutegel gebissen, können Sie das Pflaster auch auf der Oberseite festkleben.

Eine ganz ähnliche Methode ist die Bandagierung. Sie eignet sich besonders für Pferdebeine gut, denn die Egel können nicht abfallen, wenn das Pferd mit den Hufen stampft. Hierfür können Sie unterschiedliche Materialien verwenden, zum Beispiel eine handelsübliche Pferdebandage, eine Stoffwindel oder eine elastische Binde aus dem Erste-Hilfe-Kasten.

Als ersten Schritt nehmen Sie erneut eine Kompresse und legen diese auf die Ansatzstelle, formen Sie dabei wieder eine Tasche. Nun umwickeln Sie zwei- bis dreimal das Bein des Pferdes mit der Bandage und geben in die obere Öffnung den Blutegel hinein. Nachdem er angebissen hat, wickeln Sie den Rest der Bandage um das Pferdebein und kleben Sie das Ende mit einem Klebestreifen fest.

Der Nachteil dieser Methoden ist sicher, dass Sie den Egel während des Saugaktes nicht beobachten können und so den Moment verpassen, in dem er sich fallen lässt. Es empfiehlt sich deshalb, nach etwa 30 Minuten einen vorsichtigen Blick unter den Verband zu werfen.

Ein deutlicher Vorteil dieser Ansatztechnik ist natürlich die nahezu uneingeschränkte Bewegungsfreiheit des Patienten und der geschützte Saugakt des Egels.

So wird eine Egelbandage mit Hot Pack bei einem Pferd angelegt.

Der Saugvorgang des Blutegels

Hat sich der Blutegel an der Haut des Patienten festgebissen, nimmt er eine von zwei möglichen Haltungen ein. Meistens heftet er den Saugnapf des Körperendes nahe am Kopf an oder er lässt sich in voller Länge am Tier herabhängen und saugt sich mit dem hinteren Saugnapf in nahezu gerader Linie fest.

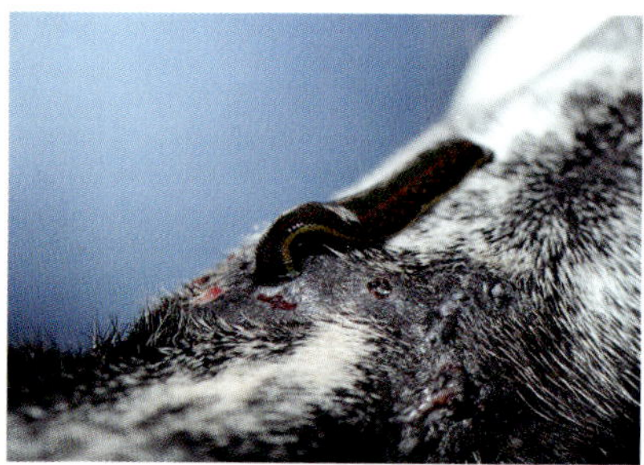

Hier ist gut zu erkennen, wie der Blutegel seinen Saugnapf senkrecht von oben über die Haut drückt, um die Mundhöhle nach außen stülpen zu können.

Die peristaltischen Bewegungen der Muskulatur sind die Trinkbewegungen des Blutegels.

Nach kurzer Zeit können Sie die wellenförmigen Trinkbewegungen des Blutegels sehen. Diese Muskelkontraktionen werden umso deutlicher, je dicker der Egel durch die aufgenommene Blutmenge wird. Sehr gut zu erkennen ist auch das klare Sekret, welches der Ringelwurm über die Haut absondert. Dies ist, wie im Kapitel über die Biologie schon beschrieben, das Blutplasma des getrunkenen Blutes. Denn ausschließlich die festen Blutbestandteile werden vom Blutegel als Nährstoffe verwendet.

Wie lange der Saugvorgang dauert, hängt vom Egel selbst ab. Dies kann 15 Minuten oder auch zwei Stunden dauern und darf keinesfalls vorher vom Therapeuten unterbrochen werden. Lässt sich der Blutegel bereits nach kurzer Zeit

Wenn ein Blutegel schon relativ voll ist und einschläft, kann man ihn mit etwas Wasser und leichtem Anstupsen wieder aufwecken.

wieder fallen und dauert auch die Nachblutung nur kurz an, kann der nächste Behandlungstermin deutlich früher vereinbart werden als sonst üblich.

Hat der Patient sehr sauerstoffarmes, dickes Blut kann das Trinken für den Egel manchmal zu anstrengend sein. Die zweite Behandlung nach ein paar Tagen ist dann sehr viel wirkungsvoller, da die Blutverdünnung vom ersten Biss erfolgreich war.

Wundern Sie sich nicht, wenn sich der Blutegel plötzlich gar nicht mehr bewegt – dann ist er eingeschlafen! Manche Egel werden beim Trinken so müde, dass sie ein kleines Verdauungsschläfchen brauchen. Mit etwas Wasser oder durch leichtes Anstupsen lassen sie sich vorsichtig wecken und trinken zu Ende.

Nach dem Saugvorgang

Der Saugvorgang darf nicht vom Therapeuten abgebrochen, indem der Blutegel zum Beispiel von dem Patienten entfernt wird. Der einzige Grund für eine manuelle Entfernung des Blutegels durch den Therapeuten liegt dann vor, wenn rote Blutfarbstoffe über die Egelhaut austreten. In diesem Fall hat sich der Ringelwurm überfressen und scheidet die überschüssige Nahrung über die Haut wieder aus. Dies kommt aber äußerst selten vor. Normalerweise lässt er selbst los und sich von seinem Wirtstier fallen.

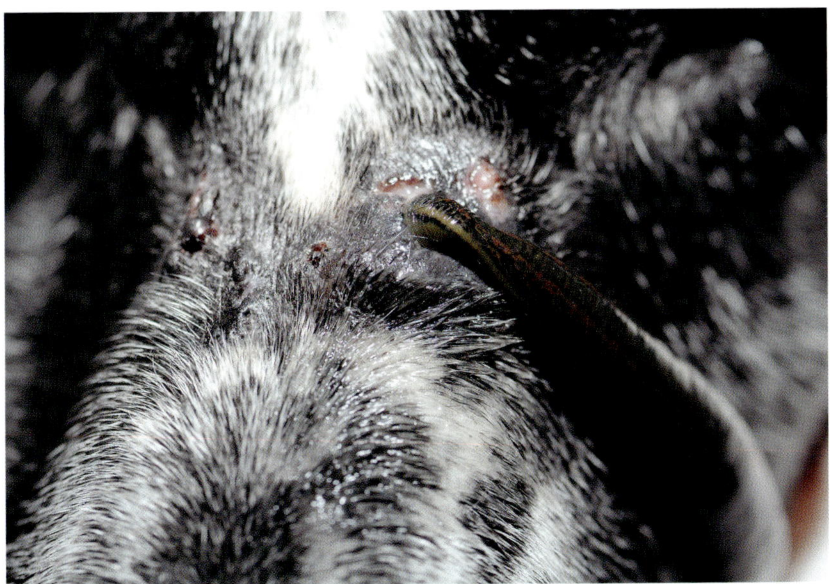

Kurz bevor der Egel seinen Saugvorgang beendet, löst er seinen hinteren Saugnapf und bleibt dann noch kurze Zeit an der Bissstelle hängen, bevor er sich fallen lässt.

Das Abfallen des Blutegels

Wenn man schon öfter eine Blutegelbehandlung durchgeführt hatte, könnte man meinen, der Blutegel sei ein höfliches Tier, denn er kündigt an, wenn er satt ist! Verjüngt sich der Blutegel hinter dem Kopfteil, deutet dies an, dass die Kiefersperre aufgehoben wird. Der Saugnapf am Hinterteil wird immer als Erstes gelöst. Dann lässt sich der Blutegel innerhalb der nächsten Minute fallen.

Ich halte dann meine Hand unter den dick gewordenen Blutegel, damit er nicht auf den Boden fällt und eventuell vom Tier getreten wird, und gebe ihn in das mitgebrachte Gefäß. Keinesfalls sollte der benutzte Blutegel zu seinen hungrigen Artgenossen ins Glas gegeben werden, denn Kannibalismus ist unter Hirudineen nicht unüblich!

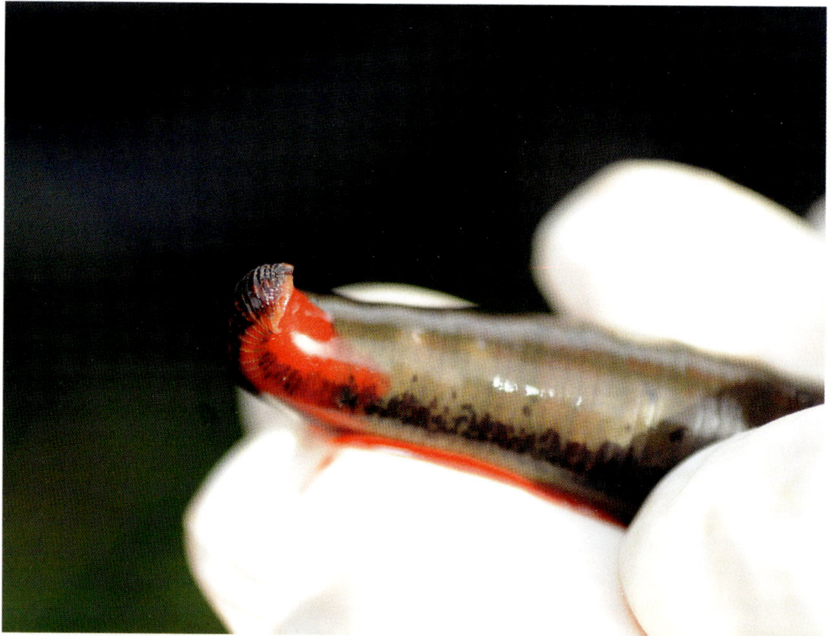

Wenn der Egel sich fallen lässt, sollte er aufgefangen und in ein Gefäß gesetzt werden.

Erbrechen des aufgenommenen Blutes

Nach der Behandlung erbrechen manche Blutegel das aufgenommene Blut wieder, manche sterben sogar unter Umständen. Ein Zusammenhang mit der Beschaffenheit des aufgenommenen Blutes lässt sich allerdings nicht herstellen. Vielmehr ist der Grund hierfür wahrscheinlich ein anderer:

Während der Behandlungssitzung in der Praxis hat der Blutegel sehr viel mehr Zeit zur Nahrungsaufnahme als in der freien Natur, weshalb seine Mahlzeit recht ausgiebig ausfällt. Der Egel gerät in Gefahr, dass sich in seinem Magen ein für ihn sehr großes Blutgerinnsel aus dem Wirtsblut bildet. Für die Auflösung dieses Thrombus steht nicht mehr genügend gerinnungshemmender Speichel „für den Eigenbedarf“ zur Verfügung. Zu seinem eigenen Schutz erbricht der Blutegel die überschüssige Menge aufgenommenen Blutes. Ist dies erfolglos, treten nach außen oft knotige Verhärtungen und Einschnürungen am Egel auf, was fast immer den Tod des Tieres zur Folge hat.

Man kann die Blutegel osmotisch bei ihrer Verdauungsarbeit unterstützen, indem man sie in eine Wasserlösung gibt, die etwa 1 bis 2 g Meersalz pro Liter enthält.

Das Abtöten des Blutegels

Zur stressfreien Tötung der wechselwarmen Blutegel wird das Einfrieren bei sehr tiefen Temperaturen empfohlen, da die Egel in der Kälte in eine gewisse Stoffwechselruhe fallen, aus der heraus sie relativ schonend sterben. Die ordnungsgemäße Entsorgung der benutzen Blutegel erfolgt mittels Verpackung in einem flüssigkeitsdichten, bruchsicheren Behälter. Dieser wird mit „Abfall aus der tiermedizinischen Entsorgung“ beschriftet und über den Restmüll entsorgt. Die kommunalen Abfallsatzungen sind zu beachten und können beim zuständigen Entsorgungsträger erfragt werden. Für Tierärzte gelten die regulären Entsorgungswege entsprechender Abfälle: Abfallschlüssel 18 01 02 „Organe und Blutprodukte“ als Gewerbeabfall.

Achtung!
Um die Gefahr zu umgehen, dass der Blutegel nach der Anwendung andere Wirtstiere mit potenziellen Keimen infizieren könnte, muss er nach der Behandlung getötet werden. Bis 2006 bestand die Möglichkeit, benutzte Egel an die Zuchtfarm zurückzugeben, wo sie bis zu ihrem natürlichen Tod in einem „Rentnerteich“ leben durften.
Die Arzneimittelbehörde hat dies inzwischen unterbunden und auch die spätere wiederholte Verwendung eines Blutegels am gleichen Patienten ist nach aktueller Rechtssprechung seit 2006 ausdrücklich untersagt. Gibt der Blutegeltherapeut dem Patientenbesitzer auf dessen Wunsch den gebrauchten Blutegel zur Aufbewahrung mit nach Hause, bedeutet dies für ihn ein hohes persönliches Risiko. Sollten durch diesen Egel andere Tiere oder gar Menschen zu Schaden kommen, kann der Therapeut belangt werden, da er benutzte „Arzneimittel“ mit potenziellem Infektionsrisiko nicht sicher und ordnungsgemäß entsorgt hat.

Nachblutung und Wundversorgung

Obwohl das Blut aus der Bisswunde während der Nachblutung hellrot und dünnflüssig ist, ist dies keine gefährliche arterielle Blutung. Es handelt sich um eine Mischung aus venösem und arteriellem Blut und wurde durch die Saliva stark mit Sauerstoff angereichert und verdünnt.

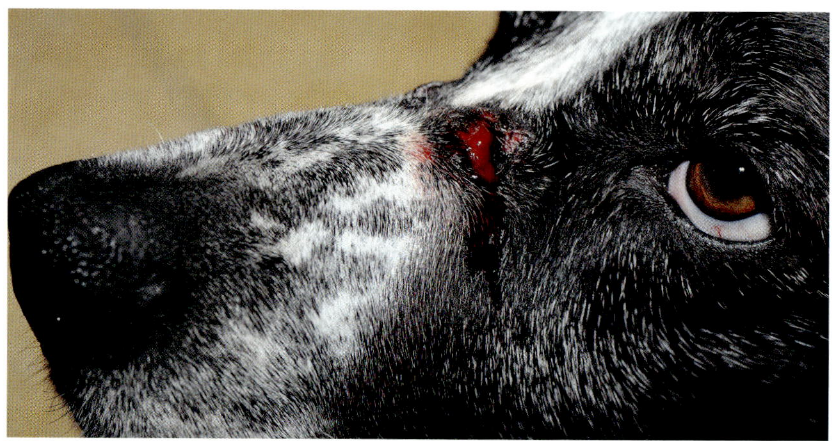

Beim Nachbluten sollte man möglichst nicht eingreifen, weil sich dadurch die Wunde selbst reinigt und die Wirkstoffe der Saliva ohnehin vor Infektionen schützen.

Die Bissstelle blutet leicht, aber beständig nach, Tropfen für Tropfen. Da sich die Wunde durch die andauernde Nachblutung selbst reinigt und die Inhaltstoffe der Saliva vor Infektionen schützen, ist ein Verbinden der Wunde normalerweise nicht nötig. Die Bisswunde ist vor Infektionen geschützt, sobald sich eine Kruste auf ihr gebildet hat. Lediglich bei voraussehbaren Verunreinigungen sollte ein leichter Schutzverband angelegt werden, zum Beispiel wenn das Pferd in die Box oder auf die Koppel gebracht wird, sich wälzen will oder wenn sich im Sommer Fliegen auf die Wunde setzen.

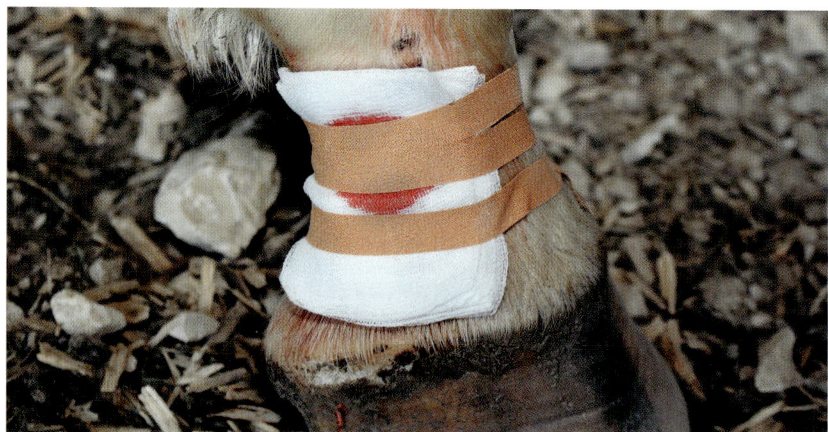

Beim Pferd kann ein leichter Schutzverband sinnvoll sein, um die Wunde vor Verunreinigungen zu schützen.

Bei Hunden bietet sich ein leichter Verband an, weil sonst möglicherweise die Wohnungseinrichtung mit Blutflecken beschmutzt wird.

Ist ein Wundschutz angezeigt, darf der Verband nicht mit Druck angelegt werden! Die Nachblutung soll weiterhin möglich sein und sollte nicht durch einen Druckverband (auch nicht durch den Tierbesitzer) verhindert werden. Es genügt, die Bissstelle mit einer Lage Kompressen zu bedecken und zu fixieren.

Bei Wundauflagen am Rumpf können diese mit Pflaster (zum Beispiel breites Leukotape) fixiert werden. An den Extremitäten bieten sich leichte Bandagen oder elastische Binden an. Am besten bewährt hat es sich allerdings, die Wunde offen zu lassen, sofern der Tierbesitzer einigermaßen „Blut sehen" kann. Ist die Bissstelle nicht verpflastert, wird die Nachblutung am wenigsten behindert. Außerdem empfinden die Tiere den Verband meist störender als die Wunde selbst.

Das abfließende Blut darf bedenkenlos vom Tier aufgeleckt werden, lediglich verhindert werden sollte ein Beknabbern, Ablecken oder Scheuern direkt an der Bisswunde.

Innerhalb weniger Stunden nach Versiegen der Wunde bildet sich Schorf auf der Bissstelle. Dies führt manchmal zu einem leichten Juckreiz. Sollte das Tier beginnen, an der Stelle zu kratzen und zu beißen, hilft ein juckreizstillendes Mittel wie zum Beispiel Rescue-Salbe, Fenistil-Salbe oder Teebaumöl. Der Juckreiz lässt nach ein bis zwei Tagen nach. Die Wunden sind dann nach ein bis zwei Wochen vollständig abgeheilt, häufig aber auch schon viel früher.

Wie viel Bewegung ist erlaubt?

Bewegung beeinflusst die Therapie mit Blutegeln positiv! Daher sollte das behandelte Tier während der Dauer der Nachblutung die Gelegenheit zur Bewegung haben, sofern es die Grundbeschwerden zulassen.

Die Nachblutung wird durch die Bewegung verstärkt (was positiv und gewünscht ist). Außerdem lenkt Bewegung von der Wunde oder dem Verband ab. Darüber hinaus werden die Blutegelsekrete besser in umliegendes Gewebe transportiert, dadurch profitieren nicht nur die lokalen Körperstellen von der Behandlung, sondern auch der gesamte Organismus.

Da die Blutegeltherapie aber auch anstrengend ist, sollte ein zu anspruchsvolles Training für ein bis zwei Tage vermieden werden. Zu große Anstrengungen belasten den Kreislauf zu sehr und könnten zu Problemen führen.

Damit die Durchblutung angeregt wird, muss der Hund nicht ins Hecheln und das Pferd nicht ins Schwitzen kommen, leichtere Bewegung reicht völlig aus. Darauf sollten Sie die Patientenbesitzer besonders an heißen Sommertagen und nach dem Ansetzen mehrerer Egel pro Sitzung hinweisen.

Der weitere Verlauf nach der Behandlung

Tritt unmittelbar nach der Behandlung eine deutliche Linderung der Beschwerden ein, brauchen Sie sich nicht zu wundern. Es handelt sich um eine Spontanverbesserung. Sehr oft entstehen bei chronischen Beschwerden an der erkrankten Stelle Durchblutungsstörungen, Lymphstauungen und Schlackenstoffe, die durch den Aderlass mittels Blutegel sofort beseitigt werden. Dadurch tritt eine spontane Erleichterung ein. Dabei handelt es sich jedoch nicht um den eigentlichen Heilungsprozess, sondern um dessen Einleitung.

Die Regeneration der geschädigten Strukturen dauert weitaus länger. Werden Erkrankungen des Bewegungsapparates behandelt, ist es sehr wichtig, dass der Patient trotz der Spontanverbesserung nicht überfordert wird.

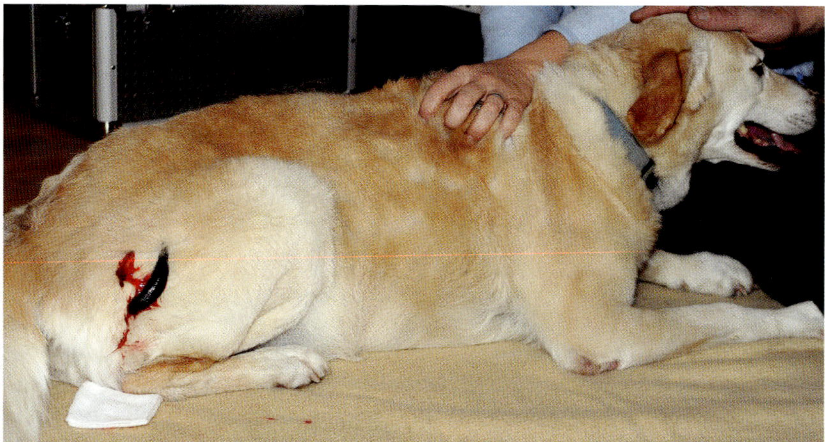

Wird eine Erkrankung des Bewegungsapparates wie bei dieser alten Hündin vorgenommen, darf der Patient anschließend nicht körperlich überfordert werden.

Nach der Blutegeltherapie kann es, wie bei jeder ganzheitlichen naturheilkundlichen Heilmethode, zu einer Erstverschlimmerung kommen. Die Beschwerden des Patienten verschlimmern sich also zuerst, ehe sie rasch und endgültig nachlassen. In der Regel setzt eine Erstverschlimmerung ungefähr 24 Stunden nach der Therapiesitzung ein und dauert meist nicht länger als ein bis zwei Tage. Weisen Sie den Tierbesitzer darauf hin, dass Sie als Therapeut kontaktiert werden sollen, sofern dieser Zeitrahmen deutlich überschritten wird. Es muss dann abgeschätzt werden, ob es sich um eine Neuerkrankung handelt.

Wurde beispielsweise eine Lahmheit aufgrund einer Arthroseerkrankung behandelt, kann es durch eine Verletzung des Tieres nach der Therapie trotzdem zu einer erneuten Lahmheit kommen. Ist sich also der Tierhalter unsicher, ob es sich um eine Erstverschlimmerung handelt oder nicht, sollte er den Blutegeltherapeuten um Rat fragen. „Eine Erstverschlimmerung zeigt die Wahl des richtigen Mittels an", so lautet die Faustregel in der Homöopathie und das trifft auch für die Blutegeltherapie zu. Eine aufgetretene Erstverschlimmerung zeigt an, dass der Organismus sich mit der behandelten Erkrankung auseinandersetzt und der Heilungsprozess beginnt.

Info
Auftretender Juckreiz nach der Behandlungssitzung ist keine Erstverschlimmerung. Er ist lediglich eine Nachwirkung der Blutegeltherapie. Juckreiz entsteht durch die sehr starke Durchblutung und die dadurch entstandene Hitze im Gewebe. Blutegel sondern keine Juckreiz auslösenden Substanzen ab, wie zum Beispiel Mücken dies tun. Tiere reagieren außerdem auch viel weniger auf Juckreiz als Menschen, da menschliches Bindegewebe empfindlicher ist als das tierische.

Wiederholungsbehandlung

Ein paar Tage nach dem ersten Behandlungstermin und der darauffolgenden Spontanverbesserung verschlechtert sich der Zustand des Patienten wieder. In diesem Moment setzt sich der Organismus wie oben erwähnt mit der Erkrankung auseinander. Das ist der richtige Zeitpunkt für ein weiteres Ansetzen eines Blutegels. Wiederholen Sie die Behandlungen so lange, bis es zur vollständigen Ausheilung kommt. Dies kann, je nach Erkrankung, bereits nach einem Egelbiss oder nach mehreren Sitzungen eintreten. Nach den Wiederholungsbehandlungen wird keine massive Spontanverbesserung mehr auftreten. Die oberflächliche Entlastung erfolgte bereits durch die erste Behandlung. Bei den weiteren Sitzungen geht es um die Tiefenwirkung der Therapie. Diese zeigt sich in einer langsamen Symptomverbesserung, die aber nun länger anhält. Dadurch werden die Abstände zwischen den einzelnen Behandlungsterminen immer größer.

Nachsorge

Als Blutegeltherapeut müssen Sie nach der Anwendung von Blutegeln am Patienten rund um die Uhr für den Tierbesitzer erreichbar sein. Nur der erfahrene Therapeut kann beurteilen, ob die Stärke der Nachblutung noch im Rahmen ist oder ob eine Komplikation vorliegt. Wird die Nachblutung durch Unsicherheit und Angst des Tierhalters vorzeitig gestillt, kann es zu erheblichen Problemen kommen. Diese äußern sich zum Beispiel durch starke Schwellung, Entzündung, Phlegmone, Lymphangitis, starken Juckreiz oder Kreislaufprobleme. Teilen Sie dem Tierbesitzer deshalb bitte immer die Telefonnummer mit, unter der Sie jederzeit erreichbar sind, und bereiten Sie ihn umfassend auf das Geschehen nach der Blutegelbehandlung vor. So lassen sich Missverständnisse und Verunsicherungen am leichtesten umgehen und Sie machen als Therapeut einen vertrauenswürdigen und seriösen Eindruck.

Fallbeispiele

Im Folgenden werden einige Fallbeispiele aus meiner Praxis aufgeführt, um Ihnen einen Eindruck zu vermitteln, wie einzelne Behandlungen ablaufen können und wie vielfältig der Einsatz einer Blutegeltherapie sein kann.

Princesse – 11-jährige Braque d´Auvergne-Hündin mit Hautabszess an der Nasenwurzel

Erstvorstellung:
Nachdem die Besitzerin bereits vier Monate erfolglos versuchte, den Abszess mit verschiedenen sowohl schulmedizinischen als auch homöopathischen Mitteln zu behandeln, war nach wie vor ein deutlicher Hautabszess an der Nasenwurzel zu erkennen. Die Besitzerin berichtete von einem eitrigen und blutigen Ausfluss nach dem Aufstechen des Abszesses. Seitdem blutete und nässte der Abszess immer wieder.

Es wurde ein kleiner Blutegel direkt auf den nässenden Abszess gesetzt, der Saugakt dauerte 40 Minuten. Anschließend ließ sich der Egel fallen, die Bissstelle blutete zwei Stunden tröpfchenweise nach. Die Hündin tolerierte die Behandlung ohne Weiteres und empfand im Anschluss keinen Juckreiz.

Die Erstbehandlung bei Princesse mit einem kleinen Blutegel.

Zweitvorstellung sechs Wochen später:
Sechs Wochen nach der Erstbehandlung ist der Hautabszess deutlich abgeklungen, das Behandlungsareal ist flach, trocken und reizlos. Die Abszesshöhle hat sich nach der Blutegelbehandlung nicht wieder gefüllt und es trat kein eitriger Ausfluss mehr aus. Auf der Bissstelle befindet sich lediglich noch etwas Schorf.

Zur vollständigen Abheilung der Haut wird ein zweites Mal ein kleiner Blutegel angesetzt. Der Saugakt dauerte 29 Minuten. Nachdem sich der Egel fallen ließ, blutete die Bissstelle ungefähr eine halbe Stunde tröpfchenweise nach. Auch nach dieser erneuten Behandlung trat kein Juckreiz auf, die Behandlung verlief komplikationslos.

Weitere vier Monate später:
Im Behandlungsgebiet ist das Fell nahezu vollständig nachgewachsen, der Abszess ist komplett abgeheilt.

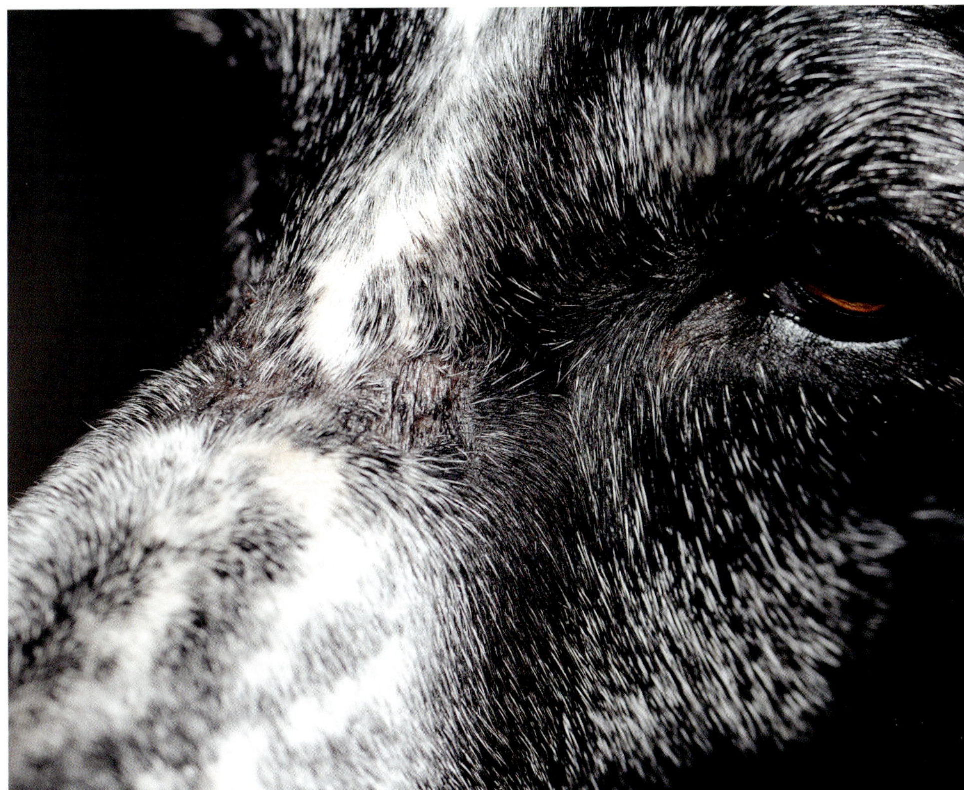

Der Abszess ist vollständig abgeheilt und hat seit der Behandlung nie wieder geblutet oder genässt.

Eine weitere Behandlung:
Später wurde bei Princesse noch ein weiterer Abszess im hinteren Rückenbereich auf der linken Seite mit einem Blutegel therapiert (siehe Seite 66). Nach der Behandlung heilte der Abszess sofort ab und das Fell wuchs innerhalb weniger Wochen vollständig nach.

Smilla – 13-jährige Labrador-Mixhündin mit Coxarthrose rechts

Erstvorstellung:
Smilla ist eine 13-jährige Hündin, die altersentsprechende Einschränkungen im Bewegungsapparat hat. Während der Untersuchung zeigte sie eine deutliche Schmerzäußerung beim Durchbewegen des rechten Hüftgelenks. Das Gangbild war sehr vorsichtig und steif. Smillas Lebenslust war nicht mehr so groß, sie verhielt sich laut der Besitzer zunehmend ruhig, ging anderen Hunden aus dem Weg und buddelte nicht mehr, was ursprünglich ihre Lieblingsbeschäftigung war.

Nach der vorbereitenden Untersuchung und Abklärung aller Kontraindikationen wurden zwei große Egel an das rechte Hüftgelenk angesetzt.

Der Saugakt dauerte ungefähr 75 Minuten. Die Egel ließen sich fallen und die Bissstelle blutete zunächst stark nach. Nach weiteren zwanzig Minuten stoppte die Blutung und es trat keine weitere Nachblutung mehr ein. Smilla tolerierte die Blutegelbehandlung ohne Probleme.

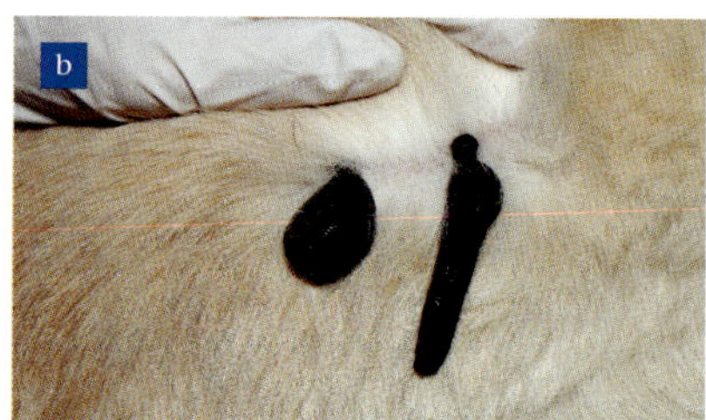

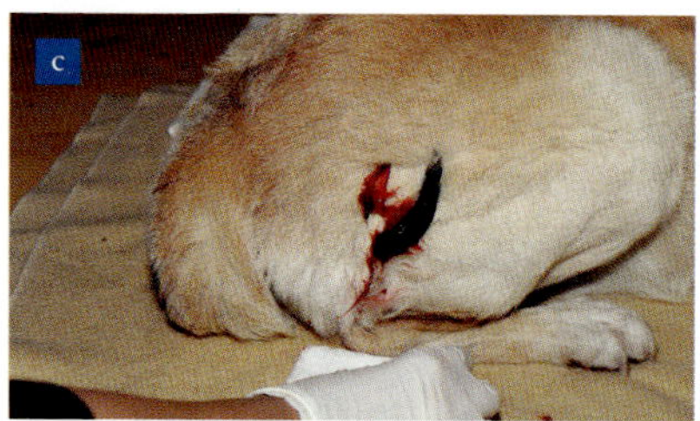

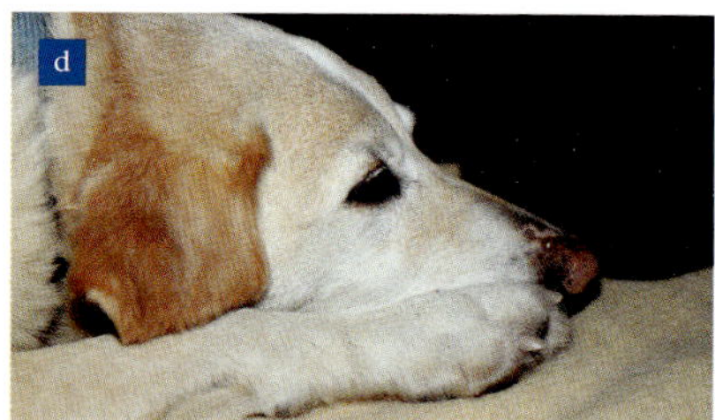

Die Blutegelbehandlung bei Smilla: An der Hüfte wurden zwei Egel angesetzt (a). Der erste Egel lässt sich bald abfallen (b). Während der zweite Egel noch saugt, hat schon eine starke Nachblutung an der anderen Stelle eingesetzt (c). Smilla war während der Behandlung völlig entspannt (d).

Zweitvorstellung zwei Wochen später:
Smilla ist wieder ein lebensfroher, älterer Hund, buddelt, springt herum, geht auf andere Hunde zu und ärgert ihr Frauchen durch Ungehorsam und Übermut. Das Gangbild ist deutlich lockerer und flüssiger. Smilla geht es altersentsprechend sehr gut und die Behandlung zeigte ihre positive Wirkung.

Caya – 6-jährige Mischlingshündin mit Coxarthritis links

Erstvorstellung:
Bei Caya wurde vier Monate vor der Erstvorstellung bei einer Röntgenaufnahme beim Tierarzt eine Arthrose des linken Hüftgelenks sowie eine beginnende Arthrose der Lendenwirbelsäule festgestellt. Drei Wochen vor dem ersten Termin bekam Caya starke Schmerzen. Das Treppensteigen bereitete ihr sehr starke Probleme, sie belastete die rechte Hintergliedmaße deutlich stärker als die linke und beim Angaloppieren verfiel sie in ein „Hasen-Hoppeln".

Für die tonisierte Lendenwirbelmuskulatur wurden Wärme und Massage empfohlen, was die Hündin gern annahm. Den Besitzern wurden Bewegungsübungen zur Kräftigung der Hintergliedmaßenmuskulatur gezeigt.

Zur Behandlung der aktivierten Coxarthrose links wurden zwei große Blutegel angesetzt, unterstützend erfolgte eine Magnetfeldtherapie. Der Saugakt dauerte 120 Minuten, die Egel ließen sich selbstständig fallen und die Bissstelle blutete etwa eine Stunde nach.

Caya tolerierte die Blutegelbehandlung sehr gut.

Zweitvorstellung nach sieben Tagen:
Die Hündin hat die Blutegelbehandlung sehr gut vertragen. Sie kann bereits wieder besser Treppen hinaufgehen und läuft im langsamen Trab wieder locker neben dem Fahrrad auf ebenen Strecken. Die Bewegungsübungen lassen sich durch die Besitzer sehr gut ausführen und zeigen Erfolg.

Caya bekommt eine Massage zur Lockerung der tonisierten Rückenmuskulatur begleitend mit einer Magnetfeldtherapie.

Drittvorstellung nach weiteren zwei Wochen:
Caya ging es sehr gut, sie konnte bereits wieder ohne Bewegungseinschränkungen laufen. Daher wurde sie beim Fahrradfahren etwas überlastet, wodurch sie einen kleinen Rückfall erlitt und erneut ein schmerzhaftes Gangbild zeigte.

Es wurden nochmals zwei große Egel an das linke Hüftgelenk angesetzt, der Saugakt dauerte 50 Minuten. Nachdem sich die Egel fallen ließen, blutete die Bissstelle ungefähr 30 Minuten nach.

Caya verhielt sich während der Behandlung sehr ruhig.

Vier Wochen nach Behandlung:
Caya geht es sehr gut. Sie zeigt außer in der Kurve im Treppenhaus keine Bewegungseinschränkungen mehr. Sie läuft schmerzfrei und freudig neben dem Fahrrad her, die Besitzer machen weiterhin die Wärmetherapie und die Bewegungsübungen zur Muskelkräftigung.

Susi Sue – 9-jährige Paint-Horse-Stute mit Mauke an der rechten Fessel der Vordergliedmaße

Erstvorstellung:
Susi Sue hatte erstmals seit einigen Wochen starke Mauke an den Fesseln der rechten und linken Vordergliedmaße.

Die Besitzerin wusch die Fesseln regelmäßig mit Kernseife und trocknet sie danach gut ab, zusätzlich behandelte sie die Mauke mit homöopathischen Salben.

Unterstützend hierzu wurde (zu Vergleichszwecken nur auf eine betroffene Stelle) ein Blutegel an die rechte Fessel angesetzt. Der Saugakt dauerte etwa 20 Minuten, der Egel ließ sich gesättigt von selbst fallen. Die Bissstelle blutete nach. Aufgrund der Offenstallhaltung wurde ein leichter Verband angelegt, um eine Wundinfektion zu vermeiden. Susi Sue hat die Blutegelbehandlung recht gut toleriert.

Zweitvorstellung:
Die Mauke an der rechten Fessel heilt deutlich schneller als an der linken Vordergliedmaße ab. Es bildet sich kein neuer Schorf und die haarlosen Stellen werden zunehmend kleiner. Die Besitzerin behandelt die betroffenen Stellen bis zum vollständigen Abklingen weiterhin durch Waschen und eine homöopathische Salbe.

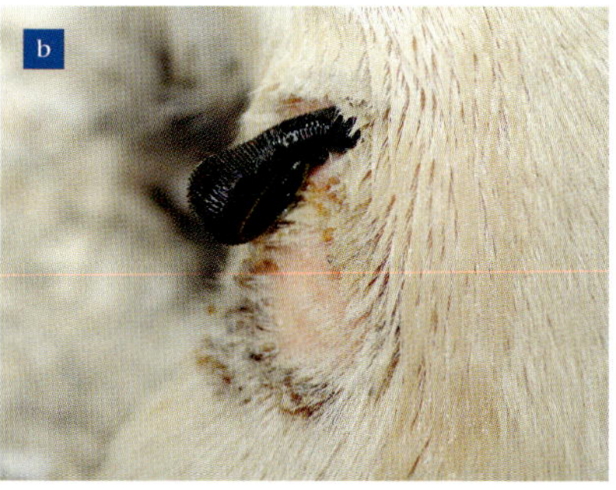

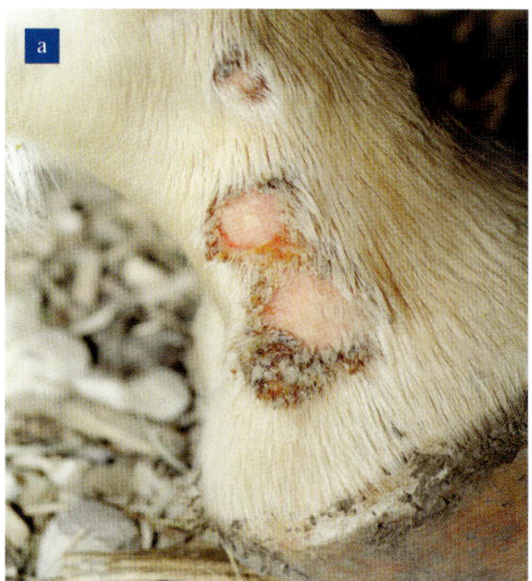

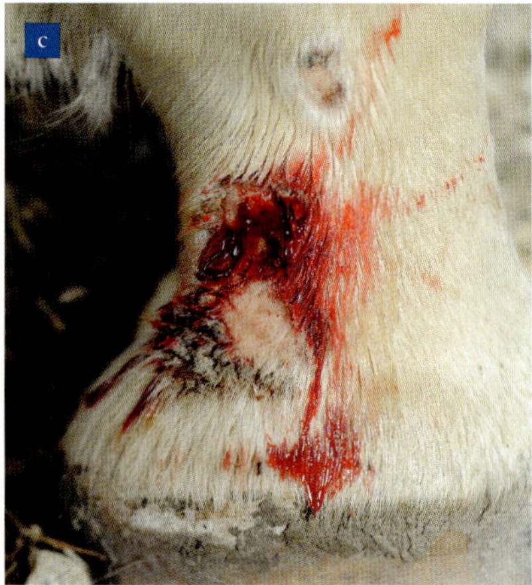

Die Blutegelbehandlung bei Susi Sue: Die Mauke vor der Behandlung (a). Der Egel beim Saugakt (b). Die Nachblutung (c).

Fazit:
Durch die Blutegeltherapie lässt sich unterstützend auf alle Fälle eine schnellere Heilung der Mauke erzielen.

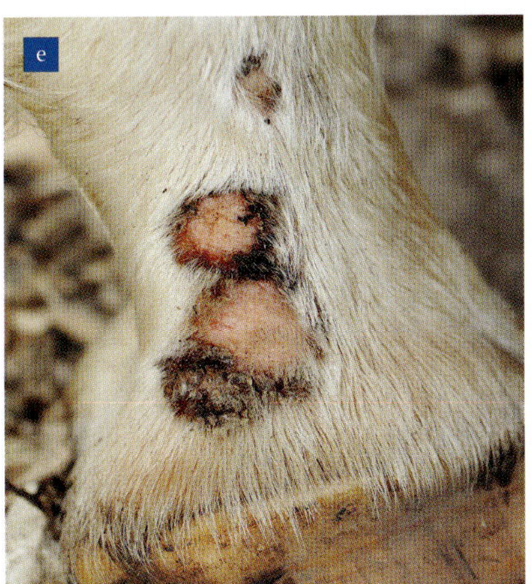

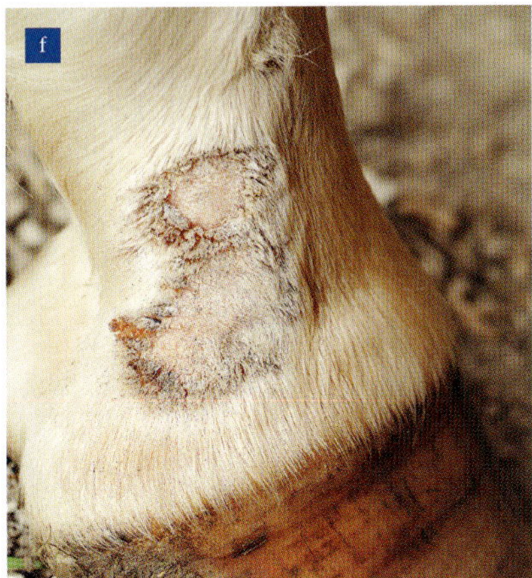

Susi Sue mit einem leichten Verband zum Schutz vor Verunreinigungen (d). Die Mauke einen Tag (e) und fünf Tage (f) nach der Behandlung.

Pedro – neun Monate alter Bretonischer Zwergschafsbock mit Spritzenabszess in der Leiste

Erstvorstellung:
Nach einer Impfung gegen die Blauzungenkrankheit bildete sich bei Pedro ein etwa 1 Euro Stück großer Spritzenabszess in der linken Leiste. Es wurde ein Blutegel auf den Abszess gesetzt. Nach dem 23-minütigen Saugakt ließ sich der Egel von selbst fallen, die Bissstelle blutete nur kurz nach.

Zwei Wochen später war der Abszess nahezu vollständig abgeheilt und Pedro wurde von seinen neuen Besitzern bei der Züchterin abgeholt.

Pedro sieht der Behandlung relativ gelassen entgegen (a). Der durch die Impfung verursachte Spritzenabszess (b). Der Blutegel mit kräftigen Trinkbewegungen (c). Das Nachbluten ohne weitere Wundversorgung (d).

Zum Schluss

Das angestrebte Ziel dieses Buches ist die allgemeine Aufklärung über die Lebensweise des medizinischen Blutegels und seinen Einsatz in der modernen Medizin, in diesem Falle der Tiertherapie. Ich hoffe, ich konnte Sie nun, nachdem Sie dieses Buch gelesen haben, von eventuellen Vorurteilen gegen diese faszinierenden Tiere befreien und Sie für die Blutegeltherapie begeistern.

Ganz egal, ob Sie Therapeut oder Tierbesitzer sind, diese Therapieform stellt unglaublich viele Möglichkeiten bereit, unseren tierischen Begleitern zu helfen und sollte nicht weiter als „Mittelalter-Medizin" abgetan werden. Der Blutegel ist kein aggressiver Schmarotzer, wie die Filmindustrie und Horrorgeschichten es uns glauben machen wollten, sondern er lebt in friedlicher Symbiose mit seinen Wirtstieren, denen er auf schmerzfreie Weise Heilung bringt. Dies können wir respektvoll für unsere Therapiezwecke verwenden.

Ich wünsche Ihnen viele wunderbare Erfahrungen mit dem medizinischen Blutegel und bitte Sie, die Natur und ihre Lebewesen als sinnvolle Einzigartigkeit zu betrachten.

Anhang

Bezugsquellen

Medizinische Blutegel können wie jedes andere Medikament in der Apotheke bestellt werden. Üblicherweise werden sie innerhalb von 24 Stunden geliefert. Es gibt aber auch die Möglichkeit, die Blutegel direkt beim Züchter oder Importeur zu bestellen.

Dabei sollte aber Folgendes beachtet werden:

Nach dem deutschen Arzneimittelgesetz (AMG) §2 Abs. 1 Nr. 1 sind Blutegel „Fertigarzneimittel", wenn sie zu medizinischen Zwecken eingesetzt werden. Somit stellen die Behörden an den Vertrieb von Blutegeln die gleichen Anforderungen wie bei allen anderen Arzneimitteln. Daher sollten Therapeuten die Blutegel nur von autorisierten Züchtern oder Händlern (Herstellungs- und Vertriebserlaubnis §13 Abs. 1 AMG) oder der Apotheke beziehen. Dies gewährleistet, dass die Blutegel sauber und gesund sind. Zudem können Therapeuten ihr Haftungsrisiko bei einer Klage wegen vermuteter Nebenwirkungen reduzieren, indem sie nachweisen können, dass ausschließlich einwandfreie Arzneimittel verwendet wurden.

Adressen

Biebertaler Blutegelzucht GmbH
Talweg 31
35444 Biebertal
Tel.: +49 (0) 6409 / 661400
www.blutegel.de

Futura-Egel-Zucht
Paarener Dorfstr. 7B
14476 Potsdam
Tel.: +49 (0) 33 2011433
www.blutegelzucht.de

Kosten für Blutegel

Blutegel kosten, je nach Bezugsquelle, zwischen 3,95 und 10,00 Euro pro Stück zuzüglich Porto und Verpackungskosten und 7 % Mehrwertsteuer. Dabei unterscheiden sich die Kosten zwischen Importtieren und Zuchttieren.

Importierte Blutegel aus dem Ausland (meist aus der Türkei oder Ungarn) werden 32 Wochen bei dem Blutegelhändler zwischengehältert und dann an den Therapeuten weiter verschickt.

Zuchtegel aus Deutschland werden in der Blutegelzuchtstätte geboren und aufgezogen und ebenfalls 32 Wochen zwischengehältert.

Versand der Blutegel

Die Lieferung der Blutegel erfolgt in Transportbehältern aus Styropor (diese sind weitestgehend Temperaturstabil), die Egel selbst stecken in feuchten Leinensäckchen und sollten so schnell wie möglich daraus befreit und in ein geeignetes Hälterungsgefäß umgesetzt werden.

Fachliche Voraussetzungen für die Blutegeltherapie

Obwohl es im Gegensatz zur Therapie beim menschlichen Patienten keine Einschränkung für die fachlichen Voraussetzungen beim Einsatz in der Tiertherapie gibt, empfiehlt sich eine Grundlagenausbildung. Dies sollte jeder, der die Anwendung der Blutegeltherapie plant, mindestens in Form eines Tagesseminars umsetzen. So kann sich der angehende Therapeut auf die Wirkungen, Nach- und Nebenwirkungen dieser Therapiemethode verantwortungsbewusst vorbereiten. Auch die haftungsrechtliche Sicherheit wird durch einen Ausbildungsnachweis erhöht.

Des Weiteren gilt es, den § 1 des Tierschutzgesetzes zu beachten: Niemand darf einem Tier ohne vernünftigen Grund Schmerzen, Leid oder Schäden zufügen.

Da die Blutegeltherapie eine invasive Behandlungsmethode darstellt, muss vorher abgewogen werden, ob es gleichwertige andere Medikationen oder physikalische Anwendungen gibt, die angewandt werden können.

Aufklärungsbogen

Wenn Sie einen Ihrer vierbeinigen Patienten das erste Mal mit einem Blutegel behandeln möchten, sollten Sie dem Besitzer einen Aufklärungsbogen vorlegen, damit er sich über mögliche Nebenwirkungen oder Risiken der Behandlung ausführlich informieren kann.

Eine angehängte Einverständniserklärung sollte dann von dem Tierbesitzer/Tierhalter vor der Behandlung unterzeichnet werden, damit Sie abgesichert sind und nicht regresspflichtig gemacht werden können, falls doch eine Komplikation während oder nach der Behandlung auftritt und das Tier geschädigt wird – was allerdings äußerst unwahrscheinlich ist.

Im Folgenden finden Sie ein Beispiel für solch einen Aufklärungsbogen mit Einverständniserklärung, den Sie als Vorlage für Ihre Praxis verwenden können.

Informationen zur Blutegeltherapie bei Tieren

Sehr geehrte/r Tierbesitzer/in, Tierhalter/in,

bei Ihrem Tier wurde die Indikation zu einer Therapie mit Blutegeln gestellt.

Dieses Merkblatt soll Sie über alle wichtigen Informationen sowie Risiken und Nebenwirkungen der Blutegeltherapie aufklären. Bei Unklarheiten richten Sie bitte Ihre Fragen an den Therapeuten.

Kontraindikationen für eine Blutegelbehandlung:
Tritt bei Ihrem Tier einer oder mehrere der folgenden Punkte auf, sollte **keine** Therapie mit Blutegeln durchgeführt werden:
- Blutarmut
- Arterielle Verschlusskrankheit
- Blutgerinnungsstörungen
- Gabe von blutverdünnenden/blutgerinnungshemmenden Medikamenten (Marcumar, Heparin ...)
- Bösartige Tumorerkrankungen
- Diabetes mellitus
- Fieber
- Kachexie (verminderter/schlechter körperlicher Allgemeinzustand)
- Leukämie
- Magengeschwür
- Gabe von Schmerzmitteln (Aspirin, Rimadyl, Equipalazone ...)

Vor der Behandlung ist zu beachten:
- Haut und Fell des Tieres müssen frei von Chemikalien oder starken Geruchsstoffen sein (z. B. Floh- und Zeckenmittel).
- Blutverdünnende und blutgerinnungshemmende Medikamente müssen drei Tage vor der Behandlung mit Blutegeln abgesetzt werden.
- Medikamente, die in der letzten Woche vor der Therapiesitzung verabreicht wurden, müssen angegeben werden.
- Bekannte Allergien und bestehende Erkrankungen sind dem Therapeuten ebenfalls mitzuteilen.

Nach der Behandlung zu beachten:
- Entfernen Sie keinesfalls entstandene Krusten auf der Bissstelle und lassen Sie das Tier nicht dort kratzen.

- Ruhige Bewegungen des Tieres sind erlaubt, anstrengendes Reiten, Longieren, Hundesport oder ähnliche Aktivitäten sind ein Tag nach der Behandlung zu vermeiden.
- Kontaktieren Sie bei nicht einzuordnenden Beschwerden Ihres Tieres umgehend den Therapeuten.

Mögliche Nach- und Nebenwirkungen der Blutegeltherapie:
- Lokaler Juckreiz an der Bissstelle
- Hautrötung im Bereich der Bissstelle
- Anschwellung der regionalen Lymphknoten und des behandelten Körperteils
- Lokale entzündliche Reaktion
- Lokale allergische Reaktion
- Temperaturerhöhung (selten)
- Müdigkeit, Abgeschlagenheit
- Lang anhaltende Nachblutung 2 bis 36 Stunden (wünschenswert und wichtig für die Therapie!)

Tritt unmittelbar nach der Blutegelbehandlung eine starke Reaktion des Tieres ein (Kreislaufkollaps, Atemnot, heftige allergische Reaktion, extremes Nachbluten der Bisswunde oder Ähnliches), ist sofort ein Tierarzt aufzusuchen!

Rufnummer Ihres Therapeuten für Rückfragen nach der Behandlung:

____

Einverständniserklärung des Tierhalters/Tierbesitzers:
Ich wurde umfassend über die Blutegeltherapie aufgeklärt und habe alle Informationen zur Kenntnis genommen und verstanden. Keine der genannten Kontraindikationen treten bei meinem Tier auf. Über mögliche Risiken und Nebenwirkungen wurde ich ausführlich aufgeklärt. Ich habe keine weiteren Fragen zur Blutegeltherapie.

Ich möchte die Blutegelbehandlung ______________________
bei meinem Tier

durch den/die Therapeuten/in ______________________
durchführen lassen.

Unterschrift: ____________________ Datum: __________

Literatur

Bletzer, Ulrike: **Säuglingspflege.** Cavallo 02-2002.
Fleischmann, Christine: **Kleine Helfer mit Biss. Facharbeit zur Tierheilpraktikerprüfung.**
Frankfurter Rundschau vom 23.11.2009: **Blutegel: Kleine Würmer gegen Rheuma.**
Gießener Anzeiger vom 01.11.2004: **Hilfreiche und gute Blutegel – auch im Einsatz der Tiermedizin-(mo).**
Hartl, Barbara: **Die Rückkehr der Blutegel.** PM-Magazin, 01-2006.
Henne, Anke: **Blutegeltherapie bei Tieren.** Unimedica Verlag, 2010.
Koch, Christa: **Schmerztherapie – Kein Ekel vor dem Egel.** Der Westen, 31.08.2010.
Michalsen, Andreas und Roth, Manfred (Hrsg.): **Blutegeltherapie.** Haug Verlag, 2009.
Smolle, Elke: **Blutegel in der Tiermedizin.** Wuff- Das Hundemagazin, 7-8/05.
Stock, Friedrich: **Der Einsatz von Blutegeln zur symptomatischen Schmerztherapie bei Patienten mit Arthrose des Kniegelenks.** Dissertation, März 2009.

Weitere empfohlene Literatur von Oertel+Spörer

Baumgart, Liesel und Hand, Marlies: **Bach-Blüten für Tiere.** Oertel+Spörer, 2009.
Hand, Marlies und Baumgart, Liesel: **Schüßler-Salze für Hunde.** Oertel+Spörer, 2009.
Hartmann, Michael: **Patient Hund. Krankheiten vorbeugen, erkennen, behandeln.** Oertel+Spörer, 2010.
Prümmel, René: **Homöopathie für Hunde.** Oertel+Spörer, 2008.
Reisert, Christiane: **Wo drückt die Pfote? Wenn Hunde krank sind.** Oertel+Spörer, 2011.
Tschischke, Cornelia: **Homöopathie für eine gesunde Hundeseele.** Oertel+Spörer, 2011.
Tschischke, Cornelia: **Homöopathie für eine gesunde Katzenseele.** Oertel+Spörer, 2011.
Werner, Tina: **Wellness für Hunde. Massage und Physiotherapie für jeden Tag.** Oertel+Spörer, 2010.

Register